中国山洪灾害和防御实例研究与警示

涂勇　何秉顺　郭良　著

中国水利水电出版社
www.waterpub.com.cn
·北京·

内 容 提 要

　　本书以大量详实的历史山洪灾害记录为依据，分析了 2600 多年长序列历史山洪灾害的分布特征，全面展现了中国山洪灾害的全貌。同时，遴选近年来具有典型特征的 24 起重大山洪灾害事件的雨情、水情、灾情、灾害成因及防御过程进行深入细致的分析，通过大量山洪灾害事件资料和典型防御案例，总结山洪灾害防御过程中的经验和教训，积累大量一手数据和资料，为分析全国山洪灾害特征和应对策略积累了详实的资料，为全国山洪灾害防治工作提供重要参考依据。

　　本书可作为水利工程专业从业人员，特别是从事山洪灾害防治项目建设与管理、科研机构或防灾减灾技术人员的参考书，也可供相关行业管理和技术人员参阅。

图书在版编目（CIP）数据

中国山洪灾害和防御实例研究与警示 / 涂勇，何秉顺，郭良著. -- 北京：中国水利水电出版社，2020.9(2022.6重印)
ISBN 978-7-5170-8827-1

Ⅰ. ①中… Ⅱ. ①涂… ②何… ③郭… Ⅲ. ①山洪－灾害防治－研究－中国 Ⅳ. ①P426.616

中国版本图书馆CIP数据核字(2020)第170703号

书　　　名	**中国山洪灾害和防御实例研究与警示** ZHONGGUO SHANHONG ZAIHAI HE FANGYU SHILI YANJIU YU JINGSHI
作　　　者	涂　勇　何秉顺　郭　良　著
出 版 发 行	中国水利水电出版社 （北京市海淀区玉渊潭南路 1 号 D 座　100038） 网址：www. waterpub. com. cn E - mail：sales@mwr. gov. cn 电话：(010) 68545888（营销中心）
经　　　售	北京科水图书销售有限公司 电话：(010) 68545874、63202643 全国各地新华书店和相关出版物销售网点
排　　　版	中国水利水电出版社微机排版中心
印　　　刷	北京印匠彩色印刷有限公司
规　　　格	184mm×260mm　16 开本　11 印张　265 千字
版　　　次	2020 年 9 月第 1 版　2022 年 6 月第 2 次印刷
印　　　数	1001—2000 册
定　　　价	**68.00 元**

序

据调查，我国山洪灾害防治区面积约 386 万 km^2，防治区人口约 3 亿人。每年汛期，山洪灾害频繁而严重，在活动强度、影响范围、经济损失、人员伤亡等方面均居世界前列，是我国自然灾害造成人员伤亡的主要灾种之一。受特殊的自然地理环境、极端灾害性天气以及经济社会活动等多种因素的共同影响，山洪灾害风险长期存在。多年来，突发局地极端强降雨引发的山洪灾害频繁，导致大量人员伤亡，其死亡人数占洪涝灾害死亡总人数的比例呈上升趋势。据统计，20 世纪 90 年代以前，全国每年山洪灾害死亡人数约占洪涝灾害死亡总人数的 60%，21 世纪以来已经上升到 80% 左右。山洪灾害防治区自然特性复杂多样，人类经济社会活动程度不一，因而形成多种类型的山洪灾害，尤其是强降雨引发的山洪灾害最为频繁，危害也最为严重。随着我国山丘区经济的发展、人口的不断增长，防治区内的经济存量、人口密度、社会财富将大幅度增长，山洪灾害的风险程度和损失也将显著增加。

山洪安澜，百姓之福。面对严峻的山洪灾害防御形势，我国在 2003 年启动编制山洪灾害防治规划，2006 年国务院批复了该规划。国家防汛抗旱总指挥部办公室于 2005—2009 年在全国开展了山洪灾害防治试点工作，探索与积累了山洪灾害防治的经验。2010—2020 年，水利部、财政部加大山洪灾害防治力度，全面开展了山洪灾害防治项目建设。全面启动山洪灾害防治工作已经近十年，防治措施实现了从"无"到"有"的历史性突破，被广大山丘区群众称为"保护人民生命财产安全的保护伞"工程。但是，无论是从发展历程来看，还是从监测预报预警等技术条件来看，我国山洪灾害防治工作整体上仍处于初级阶段，在全面建成小康社会新的历史时期，山丘区人民群众生命安全保障的迫切需求与山洪灾害防治工作发展不平衡不充分之间的矛盾依然十分突出，山洪灾害防治任重而道远。遵循习近平总书记"两个坚持、三个转变"防灾减灾新理念和关于发扬斗争精神应对重大自然灾害的讲话精神，努力推动山洪灾害防治工作从"有"到"好"深刻转变，仍将是水旱灾害防御的重心和重点。

受全球气候变化的影响，突发性短历时强降雨成为常态，我国山洪灾害仍将多发、频发、重发，山洪灾害防御工作严峻复杂，任务艰巨繁重。为进一步认识山洪灾害规律和特点，研究新形势下山洪灾害的对策措施，作者精心编著了《中国山洪灾害和防御实例研究与警示》，选取了具有典型性的 24 起山洪灾害典型事件作为研究对象，客观再现山洪灾害防御过程，深入分析灾害特征成因，认真总结山洪灾害防御经验教训；搜集了大量山洪灾害图片，直观展现了国内外典型山洪灾害事件，可为今后山洪灾害防御工作提供重要参考。希望本书能对从事山洪灾害防治管理的各级领导、水旱灾害防御机构以及科研院校的研究人员有所警示和帮助，进一步促进全国山洪灾害防御科学化水平得到新的提升。

2020 年 8 月

前言

　　本书以大量详实的历史山洪灾害记录为依据，对长序列历史山洪灾害记录的整理和分析，其时间序列长达2600多年，遴选近年来具有典型性的24起重大山洪灾害事件的雨情、水情、灾情、防御过程进行深入细致的分析，对各地山洪灾害防治经验进行了总结，积累了大量一手数据和资料，为分析全国山洪灾害特征、应对策略、以及全国山洪灾害防治工作提供重要参考依据。本书可作为水利工程专业从业人员，特别是从事山洪灾害防治项目建设与管理、科研机构或防灾减灾技术人员的参考书目；通过大量山洪灾害事件资料和典型防御案例，分析山洪灾害事件分布特征，总结山洪灾害防御过程中的经验和教训，供相关管理和技术人员参阅。

　　全书共分为6章，第1章介绍了全国山洪灾害的主要特征及全国山洪灾害防治项目现状，第2章至第4章分三个时间段，即新中国成立前（公元前586—1949年）、山洪灾害防治项目实施前（1949—2010年）、山洪灾害防治项目启动实施后（2011—2019年）对全国山洪灾害事件特征进行分析；第5章介绍了24起典型山洪灾害案例，分别从雨情、水情、灾情、灾害防御过程等方面对典型山洪灾害事件进行了深入细致的分析，并对各地山洪灾害防御的经验进行了总结。第6章简要介绍了国外山洪灾害事件，对美国、日本、欧洲等主要国家发生的重大山洪灾害进行了梳理和对比分析，客观分析中国山洪灾害防御能力的现状和水平。本书从不同角度对山洪灾害事件进行了全景展示和分析，对今后的山洪灾害防御工作提供了大量案例支撑。

　　本书编写过程中得到水利部水旱灾害防御司和全国各省（自治区、直辖市）水旱灾害防御部门的大力支持。感谢中国水利学会减灾专业委员会秘书长、国家防汛抗旱总指挥部办公室原督察专员邱瑞田拔冗作序。水利部水旱灾害防御司尚全民副司长、吴泽斌处长、许静处长对本书提出了大量宝贵的修改意见，甘肃、吉林、辽宁、福建、湖南等省水旱灾害防御部门的同志为本书提供了大量的案例和素材；本书还得到了中国水利水电科学研究院丁留谦副院长，防洪抗旱减灾工程技术研究中心吕娟主任、孙东亚总工的指导，刘昌军教高参与有关章节审查，万金红博士提供大量历史山洪灾害数据并进行了分析，李青、张晓蕾、马美红、陈尧、郭飞平、张智雄、何朱琳等参与全书部分章节的文字编写和数据核定，在编写过程中还参阅了有关教材和专著，谨向他们表示衷心感谢。

随着大规模全国山洪灾害防治项目的实施，各地山洪灾害防御好的做法及防灾避险典型案例层出不穷，作者有幸一直参与山洪灾害防治项目建设管理工作，并有机会深入灾害易发区进行现场调研，深入研究山洪灾害案例，为形成文字、集结成书奠定了坚实基础。

本书的出版得到了国家重点研发计划项目"中小河流洪水防控与应急管理关键技术研发与示范"（2018YFC1508105）和"国家山洪灾害风险预警服务平台关键技术研发与应用"（2019YFC1510600）的资助，在此诚表谢意。

由于作者水平有限，敬请读者批评指正。

作者
2020 年 8 月

目录

第 1 章

山 洪 与 山 洪 灾 害

我国地处东亚季风区，暴雨频发，地质地貌环境复杂，加之人类活动剧烈，导致山洪灾害发生频繁，我国成为世界上山洪灾害最为严重的国家之一。山洪不同于发生在平原或低洼区域的洪水，它特指发生在山区流域面积较小的溪河或周期性流水的溪水中、历时较短、暴涨暴落的地表径流[1]。根据野外普查资料显示，1950—2000 年全国共发育山洪沟 18901 条，发生灾害 81360 次；诱发泥石流沟 11109 条，发生灾害 13409 次；诱发滑坡灾害 16556 处[2]。山洪灾害因其突发性、水量集中和破坏力大的特点，给国民经济和人民生命财产造成了严重危害。通过对灾情数据的分析，1949 年以来，我国因洪涝灾害死亡约 27 万余人，其中有 19 万余人是因山丘区暴发的山洪灾害造成的[3]。近年来，随着人类社会经济活动逐步向广度和深度发展，尤其山区不合理的土地利用，诸如毁林开荒、陡坡垦殖、开山炸石、矿山开采、乱弃废渣、过度放牧等行为，改变了原有地表结构，加剧了山洪灾害的发生。

1.1 山洪与山洪灾害基本概念

山洪是指由于短时强降雨暴雨、拦洪设施溃决等原因，在山丘区溪河形成的暴涨暴落的洪水及伴随发生的滑坡、泥石流的总称，其中以暴雨引起的溪河洪水最为常见。山洪灾害是指因降雨在山丘区引发的溪河洪水等对国民经济和人民生命财产造成损失的灾害，包括溪河洪水泛滥、泥石流、山体滑坡等造成的人员伤亡、财产损失、基础设施毁坏及环境资源破坏等。山洪灾害主要有以下三种表现形式。

1. 溪河洪水

暴雨引起山区溪河洪水迅速上涨。由于溪河洪水具有突发性强、水量集中、破坏力大等特点，常常冲毁房屋、田地、道路和桥梁等，甚至可能导致水库、山塘溃决，造成人员伤亡和财产损失，危害很大。溪河洪水灾害大体上以大兴安岭—太行山—巫山—雪峰山一线为界划分为东、西两部分，该线以东，溪河洪水灾害主要分布于江南、华南和东南沿海的山地丘陵区以及东北大、小兴安岭和辽东南山地区，分布面广、量多；该线以西，主要分布于秦巴山区、陇东和陇南部分地区、西南横断山区、川西山地丘陵一带及新疆和西藏的部分地区，常呈带状或片状分布。

2. 泥石流

山区沟谷中暴雨汇集形成洪水，挟带大量泥沙石块形成泥石流。泥石流具有暴发突然、来势凶猛、破坏性强等特点，并兼有滑坡和洪水破坏的双重作用，其危害程度往往比单一的洪水和滑坡危害更为严重，一次灾害可能造成一个村庄或城镇被淹埋。我国西南地区和秦巴山区是泥石流灾害主要分布区域，沿青藏高原四周边缘山区，横断山—秦岭—太行山—燕山一线深切割地形既是华夏、西域和西藏三大地块缝合线及其次级深大断裂带，又是强地震带及降水强度高值区，泥石流灾害分布集中。

3. 滑坡

滑坡是指土体、岩块或残坡积物在重力作用下沿软弱贯通的滑动面发生滑动的现象。滑坡发生时，会使山体、植被和建筑物失去原有的面貌，可能造成严重的人员伤亡和财产损失。滑坡灾害的发生与降雨量、降雨强度和降雨历时关系密切。我国滑坡灾害主要集中在西南地区，由于特殊的地理位置和自然条件，滑坡灾害多，发生频率高；东南、华中、华南地区的滑坡多分布于低山丘陵地区，多为浅层滑坡；东北、华北和西北地区，滑坡分布较少，发生频率较低。

1.2　山洪灾害的成因

山洪灾害的致灾因素具有自然和社会的双重属性，其形成、发展与危害程度是降雨、地形地质（孕灾环境）等自然条件和人类经济活动（承灾体）等社会因素共同影响的结果，见图1.1。

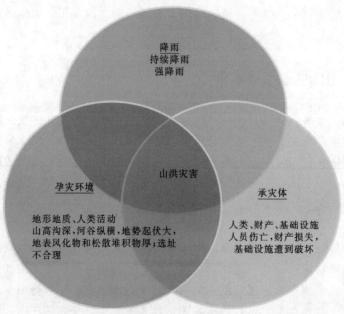

图1.1　山洪灾害的成因

1. 降雨因素

降雨是诱发山洪灾害的直接因素和激发条件。山洪的发生与降雨量、降雨强度和降雨历时关系密切（见表1.1所示的我国实测暴雨极值）。特别是局部地区短历时强降雨，在山丘区特定的下垫面条件下，容易产生溪河洪水灾害。近年来，受全球气候变化和极端天气现象的影响，山洪灾害多发频发的形势依然严峻。2005年6月10日12—15时，黑龙江省宁安市沙兰镇降特大暴雨，3h降雨量为120mm，暴雨频率为200年一遇，沙兰镇断面洪峰流量为850m³/s，洪量约为900万m³，此次山洪灾害造成117人死亡，其中小学生105人。

表1.1　　　　　　　　　　　　我国实测暴雨极值

时段	1h	6h	24h
降雨量	198.5mm	830.1mm	1146.8mm
地点	河南林庄	河南林庄	广东湛江
时间	1975年8月5日	1975年8月5日	2007年8月

2. 地形地质因素

特殊的地形地质是山洪灾害发生的潜在原因和载体。我国地形西高东低，自西向东呈三级阶梯分布，山地丘陵面积约占国土面积的2/3，自然条件复杂。各级阶梯过渡的斜坡地带和大山系及其边缘地带，山区山高沟深，河谷纵横，地势起伏大，谷坡稳定性差，地表风化物和松散堆积物厚，岭谷高差达2000m以上，山地坡度30°～50°，河床比降较大，多跌水和瀑布，易形成山洪灾害。部分小流域特殊的地形地貌，更易形成集中的产流汇水条件，致使山洪陡涨陡落，破坏力强，下垫面条件决定洪峰流量和破坏力。

3. 经济社会因素

人类活动状况决定山洪灾害危害程度。受人多地少和水土资源的制约，为了发展经济，山丘区资源开发和建设活动频繁，人类活动对地表环境产生了剧烈扰动，导致或加剧了山洪灾害。

建房选址不当增加了山洪灾害的危害程度，由于人口增长、地形条件限制和对山洪灾害的危害认识不足，山丘区居民房屋选址多在河滩地、岸边等地段，或削坡建房，一遇山洪极易造成人员和财产损失。山丘区城镇由于防洪标准普遍较低，经常进水受淹，往往损失严重。不合理的炸山开矿、削坡修路、筑坝建桥等工程建设因素，大面积的开矿、采石、筑路等活动影响山体稳定，缩窄行洪通道，是造成山洪灾害的重要原因之一。盲目的河滩宿营、野炊、旅游等人员活动进一步增加了山洪灾害风险，由于流动人员主动防灾避险意识淡薄、监测预警手段缺乏、避险转移不当，每年都会造成人员伤亡。

4. 台风登陆带来强降水极易引发山洪泥石流等灾害

从近几年山洪灾害发生的情况来看，台风带来超强降水引发的山洪灾害每年都造成财产损失和人员伤亡，尤其台风一旦深入内地，如江西、安徽、云南等内陆省份，甚至可以影响山东（2019年台风"利奇马"）、河北（2016年台风"尼伯特"）等省份，造成多地山洪暴发。我国沿海受台风威胁地区面积129.77万km²，地级以上城市就有115个，影响人口达6亿人；涉及国内生产总值（GDP）达30.53万亿元，占全国GDP的64%（2011年统计数据），平均每年要有23个热带气旋生成，7个在我国沿海登陆，最多年份达12个（1971年）。台风可带来非常强的降雨过程。一天之中可降100～300mm的大暴雨，一些地方降雨量可达 500～800mm。2006 年 7 月 14—17 日，湖南东南部、广东东北部、福建南部受第 4 号强热带风暴"碧利斯"外围云系影响引发超强暴雨，最大 24h、12h 降雨量分别为 343mm、311mm，约 500 年一遇，暴雨山洪造成 618 人死亡、114 人失踪，其中湖南省死亡 417 人、失踪 109 人。2009 年台风"莫拉克"致台湾省嘉义市阿里山日最大降雨量 1165mm，造成 128 人死亡，307 人失踪；2015 年台风"苏迪罗"致浙江平阳县日降雨量 641mm，造成浙江、福建等省 26 人死亡失踪；2016 年台风"尼伯特"致福建省闽清县 3h 降雨量 212mm，造成福建省 11 人死亡，23 人失踪。

1.3　山洪灾害的特征

山洪灾害在不同区域由于降雨、地形地质和经济社会活动及其相互作用方式的不同而表现出空间、时间分布和危害程度等方面的差异。总体上来看，我国山洪灾害有以下基本特点。

1. 季节性

山洪灾害的发生与暴雨的发生在时间上具有高度的一致性。我国暴雨发生时间主要集中在 5—9 月，山洪灾害也主要集中在 5—9 月，尤其主汛期 6—8 月更是山洪灾害的多发期，在此期间发生的山洪灾害达到 80％以上。

2. 突发性

我国山丘区坡高谷深，暴雨强度大，产汇流快，洪水暴涨暴落。从降雨到山洪灾害形成历时短，一般只有几个小时，甚至不到 1h，给山洪灾害的监测预警带来很大的困难。如 2005 年 6 月，黑龙江沙兰河上游突降暴雨，洪水约 1.5h 便到达沙兰镇导致山洪灾害；2012 年 5 月，甘肃省岷县局部遭遇强降雨，约 40min 后便发生山洪灾害；2015 年 5 月，四川省雷波县强降雨仅 20min 后便形成山洪灾害等。

3. 频发性

我国位于东亚季风区，降雨高度集中于夏秋季节，且地形地质状况复杂多样，人口众多，容易发生溪河洪水灾害，从而形成山洪灾害分布范围广、发生频繁的特点。除青藏高原内部山地外，几乎在我国所有山地都有发生山洪灾害的记录。据不完全统计，全国有易发山洪的溪河 19800 条，1950—2000 年发生山洪灾害 8.1 万次，平均每年 1600 多次。

4. 群发性

暴雨作用下多条沟或多个点易同时遭受山洪灾害，大规模山洪和滑坡、泥石流地质灾害群发并发，特大山洪灾害易发水库溃坝连锁灾害，推演灾害链的放大性、级联性、突变性，导致严重后果。2010 年 8 月 8 日，甘肃省舟曲县白龙江左岸的三眼峪、罗家峪发生特大山洪泥石流，堵塞嘉陵江上游支流白龙江形成堰塞湖。2019 年 8 月 19 日，四川省汶川县发生持续降雨导致 6 个乡镇发生山洪、滑坡、泥石流灾害，龙潭水电站出现漫坝险情。

5. 难预防性

山洪灾害虽然在全国范围内年年发生、普遍发生，但对一个具体地点而言，严重山洪灾害往往是百年一遇的稀遇事件，气象部门对局地短历时降雨预报精度偏低，可预见性差，超过了工程措施治理标准，监测预报预警困难，导致乡镇尤其是村一级日常防灾工作往往被轻视，容易产生侥幸心理、麻痹思想。2019年"7·21"江西省靖远县吕阳洞景区预报24h降雨量6mm，实际25min降雨量达40mm，令户外"驴友"猝不及防。2015年8月3日，西安市长安区山洪灾害事件中，事发地下游1.7km的小峪水库站35min降雨量达50mm，为30年一遇特大暴雨，而距离事发地上游0.8km的十里庄雨量站无降雨。17时20分左右，小峪河东侧石门岔沟突发山洪泥石流，将在小峪河村河道路边外侧就餐的9名群众冲入小峪河，全部遇难。

6. 破坏性

山丘区因山高坡陡，溪河密集，洪水汇流快，加之人口和财产分布在有限的低平地上，往往在洪水过境的短时间内即可造成大的灾害。灾害造成人员伤亡，冲毁农田，损毁基础设施，破坏生态环境。2005年6月10日黑龙江沙兰镇山洪灾害导致117人死亡，其中小学生有105人；2010年8月7日，甘肃省甘南藏族自治州舟曲县突发强降雨，县城北面的罗家峪、三眼峪泥石流下泄，由北向南冲向县城，造成沿河房屋被冲毁，泥石流阻断白龙江，形成堰塞湖，特大山洪泥石流灾害造成1501人死亡，264人失踪；2013年8月16日辽宁省清原县山洪灾害导致南口前镇死亡58人，失踪84人。

在全球气候变暖的大背景下，受我国特殊的自然地理环境、极端灾害性天气以及经济社会活动等多种因素的共同影响，突发性、局地性极端强降雨引发的山洪灾害导致大量人员伤亡，群死群伤事件时有发生。除致人员伤亡外，山洪、泥石流、滑坡常常毁坏和淤埋山丘区城镇，威胁村寨安全，冲毁交通线路和桥梁，破坏水利水电工程和通信设施，淹没农田，堵塞江河，淤高河床，污染环境，危及自然保护区和风景名胜区，严重制约我国山丘区经济社会的发展。

1950—1990年，全国因山洪灾害导致年均农田受灾4400万亩，年均倒塌房屋80万间。1991—2000年，全国因山洪灾害导致年均农田受灾8100万亩，年均倒塌房屋110万间。山洪地质灾害造成的财产损失年均约400亿元，随着我国山丘区经济的发展、人口的不断增长，防治区内的经济存量、人口密度、社会财富将大幅度增长，山洪地质灾害的风险程度和损失也将显著增加。

1.4　山洪灾害的影响分析

独特的地理环境和季风性气候决定了我国自古以来就是山洪灾害频发的国家，山洪灾害对人员伤亡、人居环境、区域经济、乡村振兴等国家战略均造成了重大影响。

1. 山洪灾害对人员伤亡的影响

山洪往往引发巨大的人口伤亡，是目前洪涝灾害中致人死亡的主要灾种。1950—1990年，山洪灾害死亡人数15.2万人，年均死亡人数3707人；1991—2000年，年死亡1900~3700人；2001—2010年，年均死亡1079人；2011—2019年，年均死亡351人，占洪涝灾害死亡人数的60%~75%。通过山洪灾害调查评价，汇总历史山洪灾害共53235场次，平均每县25场；典型历史洪水12738场次，平均每县6场。累计死亡人数约为3970万人，四川和江西最多，分别为1996万人和1962万人。广西、甘肃、河南和湖南灾害发生较多，分别为 3401 次、3399 次、2771 次和 2737 次，约占 9.53%、9.52%、7.76% 和 7.67%。外来人员的增加，尤其是各种旅游，如农家乐、自驾游、背包游等兴起，以及日益增多的在建工程，均加速了人员流动。汛期正值暑假旅游、出行旺季，部分旅游、出行、徒步、务工、溯溪的外来人员遭遇山洪事件，发生人员伤亡。2012 年 6 月 27 日四川省凉山州宁南县白鹤滩镇矮子沟地区 6h 降雨量为 74mm，中国长江三峡集团公司白鹤滩水电站前期工程施工区矮子沟处发生山洪泥石流，致使中国水利水电第四工程局施工人员及家属死亡 14 人，失踪 26 人。2016 年 5 月 7 日，福建省泰宁县发生山洪灾害，中国华电集团所属池潭水电厂扩建工程项目部办公楼和工地宿舍被埋，32 人死亡。2019 年全国全年因山洪灾害死亡的非本地人员 50 人，占全年死亡总人数的 14%，如"7·21"江西靖远县吕阳洞山洪灾害（非正规景区，295 人受困，死亡 4 人，均为游客）、"8·4"湖北恩施鹤峰县燕子镇躲避峡山洪灾害（非正规景区，死亡 13 人，均为游客）、"8·20"四川阿坝州汶川县三江镇山洪泥石流灾害（死亡 14 人，均为游客，当日汶川县旅游人员多达 4.5 万人）、"6·16"广西凌云县山洪灾害（冲毁省道 S206 线，9 辆过往车辆冲翻冲走，死亡 11 人，失踪 1 人，含驻村干部黄文秀）。

2. 山洪灾害对人居环境的影响

由于人口增长、地形条件限制和对山洪灾害的危害认识不足，山丘区居民房屋选址多在河滩地、岸边等地段，或削坡建房，一遇山洪极易造成人员和财产损失。山丘区城镇由于防洪标准普遍较低，经常进水受淹，往往损失严重。2006 年 7 月 13 日，台风"碧利斯"在台湾省宜兰登陆，14 日在福建省霞浦沿海再次登陆，登陆时最大风力为 11 级，因灾死亡 612 人，失踪 208 人，倒塌房屋 26.5 万间，经济损失 266 亿元。2015 年 8 月 10 日，受第 13 号台风"苏迪罗"影响，福建沿海地区，浙江省温州、丽水等部分县（市、区）暴雨引发山洪地质灾害，"苏迪罗"共造成浙江、福建、江西等省倒塌房屋 3390 间，直接经济损失 87.3 亿元。2016 年 7 月 9 日，受台风"尼伯特"影响，福建省闽清县、永泰县多地爆发山洪泥石流灾害，房屋倒塌 8299 间，约 11.69 万人受灾，经济损失 52.3 亿元。

3. 山洪灾害对区域经济的影响

持续强降雨造成多地山洪灾害暴发，给当地经济造成巨大损失。2002 年 6 月 8—9 日，陕西省秦岭南麓的佛坪、宁陕、镇安等地发生短历时特大暴雨，引发山洪、泥石流、滑坡灾害，致使子午河、旬河及其支流发生特大洪水，子午河两河口、旬河柴坪水文站 6 月 9 日后出现超 100 年一遇特大洪水。这次洪水来势凶猛，造成沿河两岸交通、通信中断，农田房屋被毁，基础设施损毁，给当地人民带来了毁灭性打击。尤其是佛坪县城、宁陕四亩地镇几十年的经济发展成就几乎毁于一旦。2010 年 5 月 10 日，甘肃省定西市岷县、漳县、渭源县 33 乡遭受山洪泥石流灾害，受灾人口 52.44 万人，因灾死亡 57 人，失踪 15 人（其中岷县死亡 47 人，失踪 12 人），农作物受灾面积 3.719 万 hm²，倒塌房屋 2.01 万间，国道 212 线、省道 306 线多处中断，直接经济损失 86 亿元。2010 年 8 月 8 日，甘肃省舟曲白龙江左岸的三眼峪、罗家峪发生特大山洪泥石流，宽 500m、长 5km 的区域被夷为平地，造成 1501 人死亡，264 人失踪。

4. 山洪灾害对乡村振兴和脱贫攻坚等国家战略的影响

我国贫困地区主要集中在西部山区及西南地区，有山洪灾害防治任务的贫困县共有744个，这些地区同时也是山洪灾害易发区、频发区，近5年（2015—2019年）贫困地区因山洪灾害死亡664人，平均每年死亡约133人，占山洪灾害死亡总人数的48%。2016—2019年度山洪灾害防治项目向744个深度贫困地区累计下达中央补助资金约22亿元（约占全部中央补助资金的37%），开展山洪灾害防治非工程措施巩固提升，并持续开展群测群防体系建设，实施95条重点山洪沟防洪治理，不断提升山洪灾害防御能力。为进一步贯彻落实脱贫攻坚政策，2019年水利部已落实了744个国家级贫困县山洪灾害防治项目运行维护经费1亿元，2020年落实2亿元，保障山洪灾害监测预警设施设备正常运行，发挥预期的防灾减灾效益。通过在贫困地区开展山洪灾害防治工作，可有效减免贫困地区山洪灾害人员伤亡和经济财产损失，避免"因灾致贫"和"因灾返贫"现象，使73310个贫困村，6840万贫困人口受益，助力贫困县摆脱贫困，保障贫困地区来之不易的社会经济发展成果，对脱贫攻坚建成小康社会、农村振兴战略、美好生活的实现等国家区域战略起到了重要支撑作用。

2016年7月5日，云南省盐津县（国家级贫困县）普降大到暴雨，县级山洪灾害监测预警系统全面响应，用手机短信、电话等方式发布转移预警短信达43站次，安全转移500余人，紧急疏散2000余人，由于预警、转移及时，避免了群死群伤。2016年7月17日，湖南省古丈县（国家级贫困县）普降大到暴雨，1h内降雨量达105mm。古丈县通过山洪灾害监测预警系统及时发出准备转移和立即转移的提醒短信。11时许，基层防御责任人在默戎镇牛鼻村排几楼组巡查时发现山后冒水，立即组织5户26人紧急转移，并迅速疏散受影响区群众500余人。12时5分，约1万m³的泥石流倾泻而下，瞬间冲毁房屋5栋14间，由于预警及时，无一人伤亡，被媒体誉为"山洪防御的默戎奇迹"。2019年6月20日，湖北省竹山县（国家级贫困县）竹坪乡发生短时强降雨，最大1h降雨量为50.5mm，竹坪乡店坪自动雨量站监测到1h降雨量超40mm预警阈值，县级平台及时发布了内部预警并向当地乡村干部发布了外部预警，累计发送山洪预警短信133条，涉及防汛责任人45人次，组织转移491人，此次灾害无人员伤亡。

1.5　山洪灾害防治

随着经济社会发展，各级政府高度重视山洪灾害防治工作，并引起了社会的广泛关注，山洪灾害防治逐步确定了防治思路、技术路线和实施路径。

1.5.1　山洪灾害防治思路

山洪突发性强，来势猛，陡涨陡落，一次山洪过程历时短，成灾范围小且分散，但易造成人员伤亡。由于山洪灾害具有上述特性，如果对山洪灾害威胁区内的人员和财产主要采取工程措施进行保护，不合理也不经济。山洪灾害防治总体思路是：立足于以防为主，防治结合，以非工程措施为主，非工程措施与工程措施相结合，形成综合防治体系。

1. 以防为主，主要采用非工程措施

项目在非工程措施方面逐步形成了"一个总目标、两个体系"的基本技术思路，以有效减少人员伤亡为总目标，以自动雨量站、自动水位站和监测预警平台为主体的专业监测预警系统，以基层责任制体系、防御预案、宣传培训演练和简易监测预警设施设备为核心内容的群测群防体系，坚持"突出重点，兼顾一般"的原则，按照轻重缓急，积极稳妥地推进。在山洪灾害重点防治区全面建成非工程措施与工程措施相结合的综合防灾减灾体系；在一般防治区，初步建立以非工程措施为主的防灾减灾体系。

专业监测预警系统以气象预报为前导，以自动监测系统为基础，以监测预警平台与预报预警模型为核心，实现雨水情自动监测与预警决策；群测群防体系以县、乡、村、组、户五级责任制体系为核心，以预案为基础，以简易监测预警设备为辅助手段，通过宣传培训演练，给群众提供简易监测设备和报警手段，以提高群众主动防灾避险意识和避灾常识。专业监测预警体系和群测群防体系互相结合、互为补充。

山洪灾害调查评价是建立"专群结合"的山洪灾害防御体系的基础。通过调查评价，查清了山洪灾害防治区的范围、人员分布、社会经济和历史山洪灾害情况，以及山丘区小流域的基本特征和暴雨特性；分析了小流域暴雨洪水规律，对重点沿河村落的防洪现状进行评价，确定了预警指标；划定了山洪灾害危险区，明确了转移路线和临时避险点。

2. 采用必要的工程措施

对山丘区内受山洪灾害威胁又难以搬迁的重要防洪保护对象，如城镇、大型工矿企业、重要基础设施等，根据所处的山洪沟、泥石流沟及滑坡的特点，通过技术经济比较，因地制宜采取必要的工程治理措施进行保护。对山丘区的病险水库进行除险加固，消除防洪隐患。加强水土保持综合治理，减轻山洪灾害防治区水土流失程度，有效防治山洪灾害。

3. 人员搬迁与加强山丘区管理

对处于山洪灾害易发区、生存条件恶劣、地势低洼且治理困难地方的居民，考虑农村城镇化的发展方向及满足全面建成小康社会的发展要求，结合易地扶贫、移民建镇，引导和帮助他们实施永久搬迁。此外，进一步规范山丘区人类社会活动，使之适应自然规律，主动规避山洪灾害风险，避免不合理的人类社会活动导致山洪灾害。加强山洪灾害威胁区的土地开发利用规划与管理，威胁区内的城镇、交通、厂矿及居民点等建设要考虑山洪灾害风险，控制和禁止人员、财产向山洪灾害高风险区发展；加强对开发建设活动的管理，防止加剧或导致山洪灾害。

1.5.2　山洪灾害防治项目建设

党中央、国务院高度重视山洪灾害防治工作，中央领导多次作出重要批示。开展山洪灾害防治是党中央、国务院作出的重要决策部署。2006 年国务院批复了水利部等 5 部局联合编制的《全国山洪灾害防治规划》（以下简称《山洪规划》）。2010 年 7 月，国务院常务会议决定："加快实施山洪灾害防治规划，加强监测预警系统建设，建立基层防御组织体系，提高山洪灾害防御能力。"2010 年 10 月，国务院印发了《国务院关于切实加强中小河流治理和山洪地质灾害防治的若干意见》（国发〔2010〕31号）。2011年4月，国务院常务会议审议通过了《全国中小河流治理和病险水库除险加固、山洪地质灾害防御和综合治理总体规划》（以下简称《总体规划》）。

山洪灾害防治项目分三个阶段实施，第一阶段（2010—2012年）先期实施规划确定的非工程措施中最急需开展的建设任务；第二阶段（2013—2015年）在县级非工程措施项目建设的基础上，继续开展山洪灾害防治项目建设；第三阶段（2016—2020年）在前期项目建设的基础上，继续开展山洪灾害防治项目建设。

1. 县级非工程措施项目建设（2010—2012年）

根据国务院常务会议精神，以《山洪规划》为依据，在2009年山洪灾害防治非工程措施试点基础上（中央财政投入2亿元），2010年11月，水利部、财政部、国土资源部、中国气象局等联合启动了山洪灾害防治县级非工程措施项目建设，明确了省级人民政府负总责、县级人民政府负主责的管理责任，用3年时间初步建设了覆盖全国29个省（自治区、直辖市）和新疆生产建设兵团的2058个县级山洪灾害防治非工程措施体系。全国累计投资117亿元，其中，中央财政补助资金79亿元，地方落实建设资金38亿元。初步建立了县、乡、村山洪灾害防御责任制体系，建立了村、组、户包保防御组织，建立自动雨量站5.2万个，配备简易雨量（水位）监测和报警设备设施120万个，形成山洪灾害防治非工程措施体系雏形。通过山洪灾害防治县级非工程措施项目建设，全国开始将山洪灾害防御工作纳入地方政府责任范围。

2. 全国山洪灾害防治项目（2013—2015年）

依据《山洪规划》和《总体规划》，2013年5月水利部和财政部联合印发了《山洪灾害防治项目实施方案（2013—2015年）》，在山洪灾害防治县级非工程措施项目的基础上，开展山洪灾害调查评价、非工程措施补充完善和重点山洪沟防洪治理三项主要建设任务。全国累计投资143亿元，其中，中央财政补助资金116亿元，地方落实建设资金27亿元。本阶段初步完成了全国山洪灾害调查评价，基本查清山洪灾害防治区的范围、人员分布、社会经济和历史山洪灾害情况；补充建设自动监测站点2.3万个，图像、视频监测站点2.7万个，建设30个省级、305个地市监测预警信息管理系统，完成2058个县的计算机网络及会商系统完善，补充简易监测站16万个，报警设施设备40万台套，编制修订县、乡、村山洪灾害防御预案32万件，完成了342条重点山洪沟防洪治理项目。通过大规模山洪灾害防治项目建设，构建山洪灾害防治技术体系，初步形成了适合我国国情的专群结合的山洪灾害防治体系。

3. 全国山洪灾害防治项目（2016—2020年）

2016—2020年度，主要开展非工程措施巩固提升和重点山洪沟（山区河道）防洪治理试点两项任务。其主要是利用山洪灾害调查评价成果，优化自动监测站网布局，继续完善监测预警系统，升级完善省级山洪灾害监测预警平台，复核、检验预警指标，补充升级预警设施设备，持续开展群测群防，组织开展示范建设，继续实施重点山洪沟防洪治理。全国共投资72亿元，其中，中央财政补助资金58亿元，地方落实建设资金14亿元。2016—2020年完成对自动监测站点调整补充和更新改造升级，截至2019年年底，累计建设自动雨量站、水位站7.7万个；补充预警设施设备32万个；升级完善省级监测预警信息管理系统，实现共享共用、预报预警和在线监控等核心功能。完成补充调查评价，初步实现调查评价成果集成、挖掘分析和拓展应用，持续开展 2076 个县群测群防体系建设，完成 277 条重点山洪沟防洪治理，实现了山洪灾害防御体系从无到有的历史性突破。

1.5.3　山洪灾害防治项目建设成果

2010 年以来，在 29 个省（自治区、直辖市）和新疆建设兵团的 305 个地市、2076 个县持续开展山洪灾害防治工作，全国共投入资金 332 亿元，其中，中央补助资金 253 亿元，地方建设资金 79 亿元；非工程措施建设资金 268 亿元，重点山洪沟（山区河道）防洪治理 65 亿元。全国山洪灾害防治区面积 386 万 km^2，覆盖受山洪灾害威胁村庄 57 万个，山洪灾害防治区涉及人口 3 亿人，直接受威胁人口近 7000 万人。

山洪灾害防治项目是我国水利建设史上投资最大、涉及面最广、受益人数最多的以非工程措施为主的防洪减灾类项目，被山丘区广大群众和地方政府誉为"生命安全的保护伞"，受到广泛欢迎。项目创建了适合我国国情的群专结合的山洪灾害防御体系，填补了我国山洪灾害监测预警系统空白，发挥了显著的防灾减灾效益。

（1）初步完成了全国山洪灾害调查评价，基本查清山洪灾害防治区的范围、人员分布、社会经济和历史山洪灾害情况。调查评价范围覆盖全国 29 个省（自治区、直辖市）和新疆生产建设兵团（不含香港、澳门、台湾及上海、江苏）2076 个县，755 万 km^2 国土面积，涉及 157 万个村庄、9 亿人口、15 万个企事业单位；首次构建了覆盖全国的小流域精细划分和属性分析技术系统，基本查清了山丘区 53 万个小流域的基本特征和暴雨特性，分析了小流域暴雨洪水规律，为我国山丘区小流域预报预警技术的发展奠定了基础，填补了国内空白；具体划定了重点防治村 17 万个，一般防治村 40 万个，明确了转移路线和临时避险点。调查了 5.3 万场历史山洪灾害、1.3 万场历史洪水、25 万座涉水工程和 57 万套（个）监测预警设施设备；分析评价了近 17 万个沿河村落的现状防洪能力，确定了临界雨量和预警指标；形成了全国统一的山洪灾害调查评价成果数据库，总数据量达到 150TB。

（2）基本建成了山洪灾害自动监测网络。截至 2019 年年底，建设自动雨量、水位站 7.7 万个，加上共享气象水文部门站点 5.5 万个，全国自动监测站点达 13.2 万个，布设简易监测站点 32 万个，建成了覆盖山洪灾害防治区的水雨情自动监测站网和乡村简易监测网络，实现了对暴雨、山洪的及时准确监测；自动雨量站的平均密度达到 $38km^2$/站，基本达到规划要求，解决了基层山洪灾害防御缺乏监测手段的问题；与山洪灾害防治项目建设之初相比，全国自动监测站点数量是 2006 年（6000 站）的 22 倍，一般报汛时段为 10min，传输速度为 5～10min，监测总信息量增加了 100 余倍，基本能满足局部地区短时强降雨的实时监测需求，基本实现了全国雨水情信息的共享；建设图像（视频）站 2.6 万个，实现对重点小水库、河道重点部位的实时监测。

（3）建成了国家、省、市、县四级山洪灾害监测预警平台。项目充分利用现代化信息技术，建成了 1 个国家级、30 个省级、305 个地市级和 2076 个县级山洪灾害监测预警平台，实现了雨水情自动监测、实时监视、预警信息生成和发布、责任人和预案管理、统计查询等功能，实现了省、市、县三级视频会商，有效提高了基层水行政主管部门对暴雨山洪的监测预警水平，提高了预警信息发布的时效性、针对性、准确性。项目实现了防汛指挥系统向县级延伸，部分重点区域还将防汛计算机网络、视频会商系统延伸到 13131 个乡镇，为县、乡配备了大量计算机、传真机等办公设备以及宽带网络等，为县级水行政主管部门创造了良好的工作环境，基层防汛信息化建设取得质的飞跃。水利部、各流域机构和各省、地市均建设了山洪灾害监测预警信息管理系统，实现了各级互联互通和信息共享，延伸和扩展了国家防汛抗旱指挥系统，有效提升了基层防汛指挥决策能力。

（4）初步建立了有中国特色的群测群防体系。按照"横向到边、纵向到底、不留死角、无缝覆盖"的要求，实现县、乡、村、组、户五级山洪灾害防御责任体系的全覆盖；充分利用山洪灾害调查评价成果和非工程措施建设成果，编制（修订）了县、乡、村和企事业单位山洪灾害防御预案 28 万件，明确了防御组织机构、人员及职责、危险区范围和避险路径等内容；采取"因地制宜、土洋结合、互为补充"的原则，在山洪灾害防治区县、乡、村配备无线预警广播、手摇报警器、铜锣等报警设施设备 119 万套，初步实现了多途径、及时有效发布预警信息，解决了预警信息发布"最后一公里"问题。持续开展组织培训演练 1291 万人次，确定危险区临时避险点，制作宣传栏或警示牌 81 万块，发放明白卡 7955 万张，让群众熟知所在地山洪灾害发生风险，掌握山洪灾害防御常识，增强了基层干部群众主动防灾避险意识，提高了自防自救互救能力。群测群防是山洪灾害防御工作的重要内容，与专业化的监测预警系统相辅相成、互为补充，共同发挥作用，形成"群专结合"的山洪灾害防御体系。全国山洪灾害防御常识知晓率、避险技能掌握率和项目成效公众满意度分别达到 88％、85％和 91％。

（5）开展了重点山洪沟防洪治理试点。以"保村护镇、守点固岸、防冲消能"为目标，防洪治理措施布置在有集中居民点和重要基础设施的河段，主要采取堤防、护岸、疏浚等措施，完成了约 618 条重点山洪沟防洪治理，初步建成了非工程措施与工程措施相结合的综合防治体系，并支撑新农村建设和人居环境改善，保护 46434 个村庄、428 万人受益。

（6）为山洪灾害防御工作奠定了人才基础、数据基础、技术基础，为新时期山洪灾害防御和项目建设工作积累了宝贵经验。全国 8000 多个单位、10 万余人投入项目建设，培养了一批专业技术和管理人才。通过山洪灾害调查评价，积累了大量山洪灾害防治基础资料，为项目建设提供了有力的基础数据支撑。通过近 10 年山洪灾害防治项目的实践，初步形成了适合我国国情的山洪灾害防治技术体系，制定了山洪灾害防治部颁技术标准 5 项，开展了专业软件和简易监测预警设备测评，制定了项目建设管理办法、资金管理办法、项目技术要求等 50 余项；开发了山洪灾害监测预警平台软件，研发了一批山洪灾害防治专用设备。在项目建设中，积累了丰富的项目管理经验，各地积极探索，开拓创新，积累了很多切实可行、值得推广的好做法。

1.5.4　建设成效

近年我国气候异常，局地暴雨强度大，山洪、泥石流、滑坡频发多发。通过近年来初步建立的山洪灾害监测预警系统和群测群防体系，我国山洪灾害防御已基本实现"监测精准、预警及时、反应迅速、转移快捷、避险有效"的目标，发挥了很好的防灾减灾效益。自 2011 年项目逐步实施以来，山洪灾害造成的死亡人数呈下降趋势，年均因山洪灾害死亡约 351 人，与 2000—2010 年年均死亡 1079 人相比减少 68％。截至 2019 年年底，已建项目累计发布预警短信 1.24 亿条，启动预警广播 159 万次，转移人员 2409 万人次。2019 年水利部会同中国气象局开展国家级山洪灾害气象预警服务，发布山洪灾害气象预警 125 期（中央电视台播出 25 期），开展了黄土高原 5000 座骨干淤地坝小流域暴雨洪水预警工作，发布淤地坝暴雨洪水预警 8 期，对 1991 座淤地坝进行了点对点预警提醒。

第 2 章

1949 年以前全国山洪灾害概述

自古以来，我国是一个自然灾害极为严重的国家，历代各朝统治者都高度重视灾害事件的记录工作。二十五史中，有 16 部设置了《五行志》或《灾异志》《灵异志》，专门记录各类灾害、灾异事件，有的则在《本纪》中也记录有灾害事件。北宋以来开始出现、明清时期大为兴盛的地方志，几乎普遍设有"灾祥""祥异"或"灾异"等专门类目，记录各地发生的各种灾害事件以及其他异常事件。这些历史记录留下系统、丰富而持续的灾害记录，构成了时序长达 2000 年之久的灾害系谱。

国外研究者开展的历史文献记录整理工作，主要用于重建历史时期局地的气候变化过程。如德国弗赖堡大学的 Hisklid 项目组，专门收集中欧地区各类记录当地气候信息的历史资料，建立历史气候资料库（HISKLID）。资料库中包含了不同时期的气候描述、极端天气事件信息、天气日志等，此外还包含作物收获日期、河流河口结冰日期、树轮信息、家庭水井地下水深度信息等资料，其中部分资料可以追溯到公元 1000 年以前。通过整理和分析这些历史资料对于研究波德平原的 1000 年来干湿变化情况具有重要的借鉴意义。西班牙建立的历史资料数据库 RECLIDO，用于研究古代气候和极端天气事件的研究。瑞士伯尔尼大学的古气候变化与极端天气事件（PALVAREX）研究计划中的 EURO - CLIMHIST 数据库中包含有大量的历史气候、天气记录手稿和官方档案信息。美国国家海洋和大气局（NOAA）开展了 NOAA 古气候研究计划，其中一项重要内容就是历史/文献数据集（Historical/Documentary Data Sets）整理工作，即从历史文献档案中，如教堂记录、农场收获记录、港口结冰记录等历史资料中收集气候环境变化指示指标。我国科技工作者很早便利用这些历史灾害记录开展基础研究，并取得丰硕的研究成果。如竺可桢通过整理我国古代典籍与方志中的气候与灾害记载，提出了近 5000 年来我国气候变化的基本规律[4]。原中央气象局（国家气象局）组织有关单位收集 15 世纪以来，各地方志、明实录和清实录、故宫档案、明史稿和清史稿中的灾异志、近代仪器观测资料及其他相关文献，通过整理分析，整编成我国近 500 年旱涝史料，并在此基础上出版《中国近五百年旱涝分布图集》[5]。葛全胜在此基础上整理分析物候资料，按 10～30 年的时间分辨率重建了过去 2000 年我国东部地区冬半年天气变化情况，得出过去 2000 年来我国东部地区经历快速的干湿变化过程[6]。

自 20 世纪 50 年代开始，中国水利水电科学研究院水利史研究所（以下简称"水利史所"）便开始系统采集历史旱涝灾害的原始档案，其中采集故宫档案约 14 万件，总字数超过 1 亿字；民国水利剪报档案资料 5.4 万件，总字数近 1 亿字。自 20 世纪 70 年代中后期，开始在原始档案的基础上按江河水系，分地区系统整编故宫洪涝资料。1981 年第一部故宫洪涝资料集《清代海河滦河洪涝档案》[7] 出版，至 1998 年最后一集完成出版，历时 22 年。"故宫清代洪涝档案丛书"分为《黄河流域卷》《海滦河卷》《淮河流域卷》《珠江韩江卷》《长江流域及西南国际河流卷》《辽河松花江黑龙江及浙闽台诸流域卷》6 部分。而后，在七大江河洪涝档案深度加工的基础上，进一步补充了《明史》《明实录》《清史》《清实录》等文献中洪涝灾害的记载，形成了近 400 年洪涝灾害年表。在此基础上，水利史所还参与了资料性专著《中国历史大洪水》[8] 的编辑工作，积累了大量历史灾害记录，为我国系统研究历史洪涝灾害提供了第一手的文献记录，对于厘清诸多历史事实具有重要的佐证作用。

通过对史料的进一步分析，我国有文献记载的山洪灾害事件 5312 次（其中清朝 4614 次），最早的山洪灾害事件发生在春秋战国时期，从西汉、南北朝、唐、宋、元、明、清等各朝代均有山洪灾害发生，并造成较大的人员伤亡，给我国区域社会经济的发展带来巨大影响。

2.1　数据来源

历史山洪灾害数据来源主要包括正史、地方志、故宫清代水利档案、明实录和清实录等数据源。

1. 正史

汉代班固的《汉书》中首创《五行志》，用于记载各个时代重要的风、雷电、冰雹、洪涝、干旱、冬暖、霜雪等各种反常自然灾害。此后，《五行志》成为正史的重要部分。二十五史中，共计有 16 部设《五行志》或《灾异志》，分别是《汉书》《后汉书》《晋书》《宋书》《齐书》《隋书》《旧唐书》《新唐书》《旧五代史》《宋史》《金史》《元史》《新元史》《明史》等。山洪灾害主要记录于这些正史中的《本纪》和《五行志》中。因为二十五史为国家"正史"，所以各地纂修地方志时，往往将正史《五行志》或《本纪》中有关本地灾害的内容照章全录，是许多方志中灾害数据的直接来源。

2. 历代方志

历史山洪灾害数据主要来源于古代方志。方志是按一定体例，全面记载某一时期某一地域的自然、社会、政治、经济、文化等方面情况或特定事项的文献。方志有全国性的总志和地方性的州、郡、府、县志两类。总志如《明一统志》《大清一统志》等。以省为单位的方志称"通志"，如《山东通志》《江南通志》《福建通志》等。元代以后，著名的乡镇、山川也多有志，如康熙《桃源乡志》、光绪《剡源乡志》、民国《无锡富安乡志》等。方志分门别类地记述地方情况。其中的"祥异""灾异"或"禨祥"等内容，是研究历史山洪灾害的重要资料。另外，有些资料散见于方志的"大事记"中。

3. 故宫清代水利档案

故宫清代档案是指清代历朝统治者及其中央、地方机构在处理日常公务时形成的文书、图籍、档册等。现存档案一部分藏于我国大陆故宫博物院，一部分藏于我国台湾故宫博物院。该档案中含有大量关于山洪灾害的记录。清代档案中对山洪灾害的过程记录相对比较完整，系统地记录了有关山洪灾害发生的重要特征，如受灾地区、受灾程度、赈灾等信息。清代中央政府十分重视灾害信息的收集，建立有系统的灾害奏报制度，各省主要官员需定期向中央政府奏报属地灾害信息。同时，为防止虚报假报，清政府还建立了多信源的灾害核查制度，如灾害奏报与雨雪分寸奏报进行交叉校验。因此，清代故宫灾害档案具有权威性、系统性的特点，所载灾害信息较方志、私人笔记等更具权威性和公信力，并可以与方志、私人笔记相互校验。

4. 明清实录

《明实录》和《清实录》是编年体史书的一种，专记明清时期某一皇帝统治时期的大事。有些记录就是地方重臣所上奏折以及皇帝、朝臣对该事件处理意见的内容凝练，其中包含大量山洪灾害的记录。

5. 现代水利志

现代水利志是 20 世纪 80 年代水利部组织各流域机构以及各省、市、县和工程管理部门全面开展修志工作的成果，至今陆续出版 2000 余部，主要记述各地水利事业发展历程，其中"大事记""水旱灾害与防灾减灾"等章节中含有关于本地古代、近代和现代山洪灾害记录，是近代和部分当代山洪灾害记录的主要来源。

6. 其他数据来源

其他数据来源主要包括以下类型：①典章制度，如《唐会要》《宋会要辑稿》等；②其他史书，如《资治通鉴》《续资治通鉴》等；③笔记游记，如清孙之𫘧《二申野录》、清叶梦珠《阅世编》等。

2.2　资料的可靠性分析

史料内容的可信度和有效性是衡量资料可靠性的两个重要指标。可信度是指资料是否如实反映历史史实，真实可信；有效性是指历史资料是否可以与相关史实相互印证，形成证据链。

1. 内容的可信度

历史资料可信度问题直接影响水旱灾害时间序列可靠性。张瑾瑢根据多年的工作经验指出正史、故宫档案等历史文献中关于灾害的记载总体上是比较客观、真实[9]，符合历史时期的实际情况，并指出历代王朝建立了通过多种渠道信息源相互校验的灾害核查制度，如档案中的雨雪资料是专门用于了解地区水旱灾害情况的信息，同时灾后的勘灾报告也可以校验灾情资料。多渠道资料来源，基本上制约了地方官员肆意隐瞒受灾真相的可能性。因此，正史、方志、故宫档案中记录的水旱灾害资料总体上是真实可靠的。

2. 内容的有效性

灾害历史文献资料内容基本上是真实可信的，但是因其著作者、奏报人，或书写时间的差异，资料的有效程度也不尽相同。

本书对历史灾害文献资料进行的整理分析，对其中可信度较低和有效性较差的资料进行了适当的筛选，剔除了部分可信度较低和有效性较差的档案资料，保证了山洪灾害文献记录序列的可信性和有效性。

2.3　数据处理

2.3.1　山洪灾害事件的识别

我国古人没有今天所指的"山洪灾害"概念，对于山洪灾害的认识往往从各自的生活经验出发。因而，古代文献中，对山洪灾害的命名没有统一的规范。

1. "山洪"一词出处

"山水"是中国古代文献中对山洪灾害最常见的称谓，此外还大量使用山水涨溢、山水涌出、山水骤发（图 2.1）、山水泛滥、山涌暴水、山泉暴涌、山间发洪等名词。

"山洪"一词最早见于《宋史》五行志。宋宁宗庆元元年（1195 年）"六月壬申，台州及属县大风雨，山洪、海涛并作，漂没田庐无算，死者蔽川，漂沉旬日"。此外，古代文献中还大量采用"洪水"加"山崩""山裂""山移"等方式描述灾害，见图 2.2。如"大雷雨，石崖山崩，移七八里，崩处裂为沟""大霖雨，天目山崩""大水山崩""暴雨山崩""大水，山崩石裂"等。凡记录中以上述名词描述灾害者，可判定为山洪灾害。

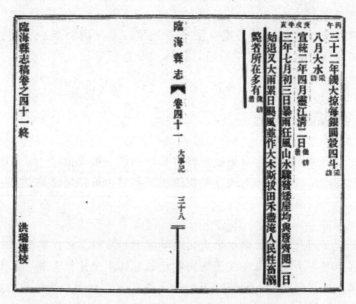

图 2.1　民国《临海县志稿》刊载宣统三年的山洪灾害事件

2. "山洪"遗址

位于青海省民和县的喇家遗址（图 2.3）是迄今为止我国发现的最早史前时代大型地震山洪泥流自然灾害遗址，母亲守护孩子、返身救助亲人的约 4000 年前突发地震场面的遗存完整保留下来，被称为"东方庞贝"，是我国唯一一座史前灾难遗址。灾害时间大约在公元前 1920 年，喇家遗址位于山洪沟、黄河交汇口，地震频发、暴雨泥流频发；当时的人类无认知、无能力，只能祈求神灵保佑，考古发现暴雨山洪泥流和地震毁灭了齐家文

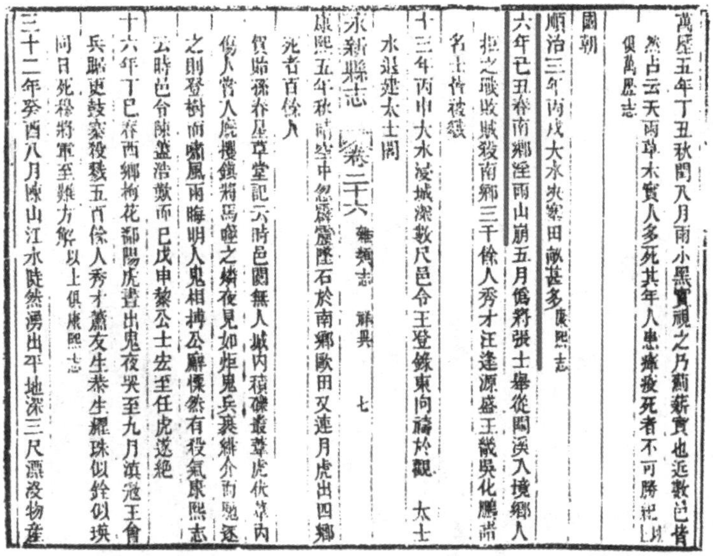
萬歷五年丁丑秋閏八月雨小黑實視之乃蒴薪實也近數邑皆
然占云天雨草木實人多死其年人患疫死者不可勝紀以
俱萬歷志
國朝
順治三年丙戌大水衝田畝甚多康熙志
六年己丑春南鄉淫雨山崩五月偽將張士舉從岡溪入境鄉人
拒之職敗賊殺南鄉三千餘人秀才汪逢源盛王畿吳化鵬尚
名士皆被戮
十三年丙申大水浸城深數尺邑令王登鏕東向禱於觀 太士
水退建太士閣
永新縣志 卷二十六 雜類志 祥異 七
康熙五年秋晴空中忽霹靂墜石於南鄉歐田又連月虎出四鄉
死者百餘人
賀貽孫春星草堂記云時邑圍無人城內積礫叢葬虎伏草內
傷人嘗入鹿擾鎮將馬噬之將夜見如炬鬼兵裹緋介而馳逐
之則登樹而嘯風雨晦明人鬼相搏公廨慄然有殺氣康熙志
云時邑令陳盎浩歎而已戊申黎公士宏至任虎遂絕
十六年丁巳春西鄉栒花都陽虎晝出鬼夜哭至九月滇寇王會
兵蹂更鼓案殺戮五百餘人秀才蕭友生恭生耀珠似銓似瑛
同日死稱將軍至縣方解以上俱康熙志
三十二年癸酉八月㴍山江水陡然湧出平地深三尺漂沒物産

图 2.2　清（同治）《永新县志》记载的顺治三年和六年的山洪灾害

明。据专家推断，一场强烈地震在积石峡引发了大规模滑坡，滑坡堵塞黄河 6～9 个月，形成了巨大的堰塞湖，水量持续增加导致堰塞湖溃决，多达 110 亿～160 亿 m^3 的湖水在短时间内快速下泄，形成流量巨大的洪水。

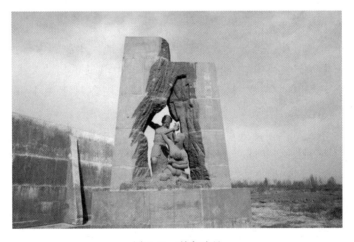

图 2.3　喇家遗址

3.“山洪”记事碑

江西省黎川县茅店村地处德胜河的上游，是黎川“2010·6·18”特大山洪的发源地。村旁的德胜河有一处垅口，河道十分狭窄，只有两三米宽，每次洪水都涨到半山岭之高，历史上该村是洪水灾害的多发区。在茅店村村旁的一块巨石上，发现一处清代特大山洪暴发的记事碑，距今有 200 多年的历史。该巨碑矗立在村旁的德胜河边，是一块当年洪水暴发时冲下来的巨石。这块巨石上，刻有一段 200 多字的短文，非常简洁地记录下了清朝嘉庆七年（1803 年）夏天那场山洪暴发时的情景，见图 2.4。文中写道：“大清嘉庆壬戌七年七月十五日子时，洪水克来，此石为记。当日茅店、官川房屋田地一片成洲，淹死人丁一百数十有余。水迹至五通半山岭之高，茅店只剩邓姓房屋一所，官川只剩彭宅老屋一栋。直下新城（今黎川县城），上下大桥尽冲去，只剩横港（今县城横港桥）、新丰（今县城新丰桥）显神通。又至西城、横村（今宏村镇）、丁吴（今宏村镇丁路村）淹死人口数千有余，细事难此言尽。"

图 2.4　清代特大山洪暴发记事碑

2.3.2　山洪灾害事件采集

山洪灾害事件记录的显著特点之一就是，几乎所有有关文献都将山洪灾害记录零星分散地收录其中。正史中山洪灾害记录散见于《五行志》或《本纪》中，古代方志中散见于其"祥异"或"灾异"等类目中，在现代江河水利志中散见于其"大事记""水旱灾害"或"防洪抗旱"等章节中，在故宫清代水利档案中，则散见于关于洪涝灾害报灾的奏折中。

本书从 2332（部）件文献中采集了 3043 条有关历史山洪灾害的记录，涉及 6550 县次山洪灾害。其中地方志 1096 部，山洪灾害记录 1646 条；故宫奏折档案 1147 件，1147条山洪灾害记录。通过整理地方志资料中有关山洪泥石流灾害的历史记录，万金红博士对1949 年以前四川省山洪灾害事件进行了梳理，见表 2.1。

表 2.1　　　　　　　　　1949 年以前四川山洪泥石流灾害

序号	时　间	地　点	灾　情
1	明成化二十一年（1485 年）	乐至	夏淫雨，山水暴溢，坏民田庐
2	清康熙四十五年（1706 年）	灌县、苍溪	灌县：夏五月，淫雨弥旬，山水泛涨，人字堤、府河口被冲决，延河城郭庐舍田亩漂没；苍溪：六月十八日，雷雨大作，玉水河水发，山崩，两岸田禾淹没
3	清乾隆十二年（1747 年）	大邑	六月十八日夜大雨如注，山水陡发，河流泛滥
4	清乾隆三十八年（1773 年）	马边	五月二十一日夜遭暴雨，溪水陡发，淹毙六十五人

续表

序号	时 间	地 点	灾 情
5	清嘉庆八年（1803 年）	马边	四月二十四日夜雨水涨，冲去民房，淹毙四十一人
6	清嘉庆十五年（1810 年）	盐源	夏间大雨连旬，山水陡发，冲坏房屋堤埂，淹毙丁口
7	清道光六年（1826 年）	汉源	五月连日大雨，山洪暴发，冲没田房不少
8	清道光七年（1827 年）	西昌	五月十五日，倾盆骤雨，山洪暴发，淹死七百五十八名
9	清道光二十年（1840 年）	江津	五月各乡山水盛涨，街市尽没
10	清咸丰六年（1856 年）	安县	四月二十九雷雨，山水陡发倍大于前，淹没数千家
11	清咸丰七年（1857 年）	乐至	五月大雨，山水陡涨，淹公署仓库，坍塌城垣民舍甚多
12	清咸丰八年（1858 年）	理县、黑水	下庄铁邑间山沟水发，冲塌山田河岸，大江为之曲流，对岸山亦崩陷，江流出此至灌，混浊数年
13	清同治十三年（1874 年）	汉源	五月银厂沟发水，冲毁民居二十余家，淹毙四十余人
14	清光绪十七年（1891 年）	西昌	霖雨弥旬，山洪暴发，湮没庐舍田禾甚广，大通桥及桥头铺面冲毁
15	清光绪三十三年（1907 年）	峨边	七月十六日夜大雨，山水暴发，冲毁铺面百余家
16	清宣统三年（1911 年）	峨边	七月大雨，南瓜桥山水暴发，冲毁玉麟桥
17	民国 2 年（1913 年）	芦山、石柱	芦山：夏大水，山洪冲毁铁索桥；石柱：大雨为灾，山洪暴发，冲毁大路
18	民国 3 年（1914 年）	汉源	五月二十九日夜大雨，山洪过桥顶，冲坏田地民房
19	民国 6 年（1917 年）	青神	八月初三大雨，山洪暴发，城内水深八九尺
20	民国 8 年（1919 年）	蓬安、开江	蓬安：七月雨水过多，山洪陡涨，田亩冲毁，桥亦冲塌，城墙塌七处。田土崩毁数百亩。开江：七月二十四日夜大雨倾盆，山洪暴发，附近田庐悉被冲毁，城内水深数尺，沙积土崩，漂没田约千余亩
21	民国 11 年（1922 年）	汉源	夏数日大雨，山水暴涨，沿河损失甚巨
22	民国 16 年（1927 年）	广元	六月二十三日夜，雷电交加，山溪洪水暴涨，市面水深数尺，全无收成
23	民国 20 年（1931 年）	中江、小金	中江：九月天雨过久，山水暴涨，城墙沿街深数尺，五区淹没田土万亩。小金：七月十二、十三日突降暴雨，山溪暴发，大河水骤涨，淹没田舍甚多
24	民国 23 年（1934 年）	马边、犍为、雷波、天全、安县	马边、犍为：七月二十一日夜间遭大雨，山洪暴发，崩山地数百处。雷波：八月十八十九日淫雨为灾，山洪暴涨，田土冲没，房全倒塌。天全：久雨，山洪暴发，毁田六千余亩。安县：山洪暴发，坏田土约万余亩

续表

序号	时　间	地　点	灾　情
25	民国 24 年（1935 年）	巴县	六七月大雨，山洪暴发，茂桥乡因灾损失田禾十分之五
26	民国 25 年（1936 年）	德阳、汉源、北川、汶川、理县、广汉、郫县	德阳：五月后淫雨为灾，山洪暴发，平原各地水深数尺，灾区占全县十分之七，收成仅十分之四五。汉源：六月中旬淫雨，山洪暴发，漂毁田禾众多。北川：入夏以来淫雨绵绵，山洪暴发。河水大涨；汶川、理县：七月下旬至八月四日淫雨不断，山洪大发。广汉：七月连日大雨，山洪暴发，河水陡涨丈余。郫县：七月大雨接连旬日。加以暴风，山洪暴发，滨河田地悉被水淹
27	民国 26 年（1937 年）	宣汉、德阳	宣汉：七月一、二日大雨，山洪暴发，低地成泽国，禾稼人畜损失甚巨。德阳：七月连日大雨，山洪暴发河水猛涨，田禾房屋多被冲刷，人畜淹能
28	民国 27 年（1938 年）	遂宁、彭县、什邡、德阳、资中	遂宁：六月连日大雨，山洪暴发。彭县：七月一日至十三日大雨滂沱，山洪暴发，沿河田地房屋禾苗多受损失。什邡：七月大雨滂沱三日，山洪暴发。德阳、资中：七月大雨，山洪暴发，损失尤重
29	民国 28 年（1939 年）	德阳、资中	七月淫雨连绵，山洪暴发，交通阻绝，农田受损
30	民国 29 年（1940 年）	仁寿	八月七日，大雨山洪，县城被淹
31	民国 30 年（1941 年）	内江、资阳	八月大雨连日，山洪暴发，成渝道路阻断
32	民国 33 年（1944 年）	北川	夏秋之际淫雨绵绵，山洪暴发，冲毁田地房屋牲畜众多
33	民国 34 年（1945 年）	安县、绵竹、简阳	安县：七月二十二日至二十四日大雨，山洪暴发，毁良田四万七千余亩，全县十分之九受灾。绵竹：八月淫雨，三十一日山洪暴发，城内水深七尺，沿河损失民房千家。简阳：八月阴雨，山洪暴发，损失甚众

2.4　主要结论

本书采集的历史山洪灾害记录数据时间自周定王二十一年（公元前 586 年）起到 1949 年，时间跨度 2500 余年，见表 2.2。其中，有明确灾害记录的年份为 578 年，有 6550 县次山洪灾害记录。由表 2.2 可见，本次资料整理工作采集的历史山洪灾害信息涉及我国历史上 17 个朝代。明朝以来山洪灾害的记录次数显著增多，占历史记录总量的 98%。其中清代数量 4631 次，占记录总量的 71%。

（1）不同时期存世资料多寡程度不一。由于保存条件的限制，我国历史文献资料越是久远留存下来的资料越是稀少，如现存的地方志资料中大多数都是清代修编的，清代以前的志书存世数量较少。清代山洪灾害的记录相对会比较多，初步统计表明，清代有 1000 多条历史山洪灾害的记录来自地方志资料，而清代以前地方志、正史等资料来源中记录的山洪灾害事件还不足 1000 条。

表 2.2　　　　　　　　　　　　不同历史时期山洪灾害频次统计

朝代	年份数	县次数	占比	朝代	年份数	县次数	占比
春秋战国	4	4		唐	24	32	
西汉	3	3		五代	1	1	
新朝	1	1		北宋	21	29	
东汉	4	8		南宋	18	28	
三国	1	4		元	26	36	
西晋	3	5		明	170	534	8%
东晋	2	3		清	257	4631	71%
南北朝	4	8		民国	38	1221	19%
隋	1	2					

　　（2）不同来源的资料详尽程度差异较大。地方志、奏折和正史等资料中对山洪灾害记录详尽程度也具有很大的差异。县志中记录的灾害多为本县之内不同年份发生的事件，距离志书成书年份较近的年代，灾害记录准确性、描述详尽程度较高，但地方志在修撰过程中可能存在一定的误读，存在系统误差会比较大。奏折资料是一种时效性比较强的资料，纳入奏折的灾害事件对于地方政府而言都是比较严重的灾害，对事件的起因、发展、后续救济等内容进行比较详细的介绍，奏折资料记录的山洪灾害信息可信度和可靠度较高，但是现存的比较系统的奏折资料都是清代遗存，可以用来研究清代山洪灾害。此次整理的资料中有 1147 件奏折记录了涉及 3416 县次的山洪灾害，占山洪灾害县次总量一半以上。正史的记录精度和详细程度与地方志相当，多为当朝追溯前朝的事件，能够纳入正史灾害事件一般都是对社会、区域政治经济产生巨大影响的事件。如《汉书·五行志》中记载西汉建始三年大范围的暴雨洪水事件中"夏，大水，三辅霖雨三十余日，郡国十九雨，山谷水出，凡杀四千余人，坏官寺民舍八万三千余所"，可见，这场山洪灾害给地方社会经济带来十分巨大的影响。

2.4.1　1949 年以前山洪灾害记录时间变化特征

　　历史山洪灾害资料作为重要洪涝灾害资料，对于重建历史时期气候变化具有重要的科技价值。国家攀登计划"我国未来（20～50 年）生存环境变化趋势的预测研究"项目中初步确立了利用历史文献等资料建立历史环境演变序列研究内容[10]。因此，整理分析历史山洪灾害史料建立历史山洪灾害时间序列，对于重建我国历史时期气候变化具有重要的现实意义，见表 2.3。

表 2.3　　　　　　　　　　　　山洪灾害严重年份统计

年份	1737	1738	1741	1744	1746	1747	1748	1749	1750	1754
记录次数	60	63	55	69	69	93	70	92	85	55
年份	1759	1769	1801	1823	1831	1848	1849	1850	1869	1883
记录次数	67	51	50	74	85	67	64	89	56	51
年份	1889	1892	1931	1934	1939	1945	1946	1947	1948	
记录次数	53	53	77	57	65	68	64	71	106	

历史文献记录中有关山洪灾害的县次记录呈现逐年增高的趋势，见图 2.5。清代以来存世文献数量巨大和文献记录详实程度高，尤其是 18 世纪和 19 世纪山洪灾害的县次记录最为多，分别达到 1745 县次和 2460 县次，见图 2.6。过去 2500 年中有山洪灾害记录年次 578 年，共有山洪灾害记录 6550 次。年度记录次数大于 50 县次的有 29 年，10～49 县次的有 140 年，1～9 县次的有 402 年。其中 1747 年、1749 年和 1948 年三个年份山洪灾害记录大于 90 次，研究表明，这段时间处在多雨季节，我国出现大范围山洪灾害[11]。

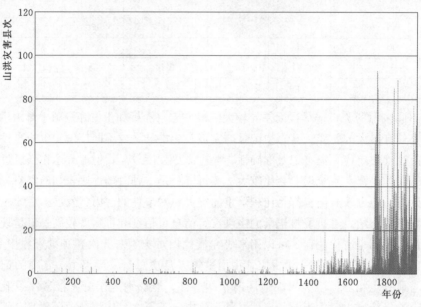

图 2.5　过去 2000 年来山洪灾害记录县次数

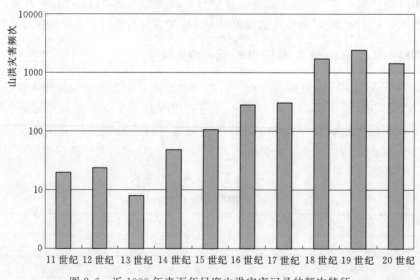

图 2.6　近 1000 年来百年尺度山洪灾害记录的频次特征

通过分析清代不同时期山洪灾害可知：我国历史山洪灾害记录的分布频次呈现波动性增加的趋势（图 2.5），可见进入 18 世纪上半叶山洪灾害陡增到 889 县次，而后略有下降；进入 19 世纪上半叶山洪灾害超过 1000 县次，达到 1297 县次；19 世纪下半叶受灾县次数明显下降，进入 20 世纪上半叶山洪灾害受灾县次数攀升到 1461 县次，见图 2.7 和图 2.8。这一现象恰好与清代中后期大时间尺度上旱涝交替发生有关[12]，比如 19 世纪下半叶山洪灾害记录次数的下降与当时频繁发生大范围干旱有关。同时，一个不能忽略的因素是清代后期和民国时期，我国社会动荡程度加大，社会治理体系十分脆弱，特定的社会环境极易造成"有雨皆灾"的局面。

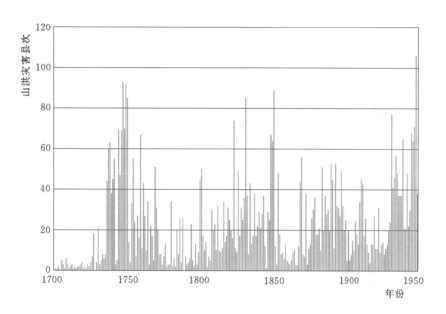

图 2.7　18 世纪以来山洪灾害记录县次数

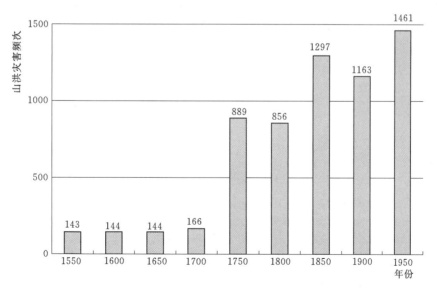

图 2.8　近 500 年（50 年尺度）山洪灾害记录的频次特征

2.4.2　1949 年以前山洪灾害记录空间变化特征

对中国灾害空间格局的研究，历来受到政府和学术界的高度重视。现有研究成果大多从省级或地市级尺度开展洪涝灾害空间分布特征的研究，并以现代洪涝灾害空间格局为重点。针对历史时期山洪灾害空间分布特征的研究尚属空白。

通过对历史时期山洪灾害记录的空间展布，可见我国的东中部地区山洪灾害记录的频次明显多于其他地区，同时在南北方也存在一定差异，主要体现在淮河以南的地区灾害记录空间分布上明显多于北方地区，其中 10 次以上的地区主要集中在长江中下游沿线省份。历史时期山洪灾害记录的分布范围与当前全国山洪灾害防治规划中山洪灾害易发区的空间具有一定的吻合性，同时也具有部分差异性。

（1）我国东中部地区社会经济发达，山洪灾害对区域社会经济影响较大，地方政府就会关注将这类灾害事件记录在地方志中，所以东部经济发达地区的地方志等历史文献会较重视灾害事件收录。

（2）存世文献数量直接受区域社会经济影响，前期的研究也表明我国东中部地区存世地方志、水利志等文献的数量明显高于其他地区，这使得这一地区灾害记录在时间和空间上明显多于其他地区。

（3）受到地方开发和民族原因影响，东北地区（黑龙江、吉林、辽宁三省）、西北地区（内蒙古、新疆、青海等地）、西南地区（西藏、广西等地）存世汉文档案有限；同时，有一些地区历史上人口稀少或者是未开发的地区，大量的灾害可能没有记录在案；上述系统性的因素也是造成我国山洪灾害频次空间分布差异的原因。

（4）黄淮海地区地形上以平原为主，地形上的差异导致华北地区很大范围上不可能出现山洪灾害，也是造成灾害记录空间分布差异的重要因素。

由于清代资料文献数量比较多，且清代山洪灾害记录的次数占总次数的 87% 以上，清代山洪灾害记录中有 3416 县次记录来自故宫奏折，占清代总次数的 74%。清代存世奏折受到区域开发、边疆自治等问题的影响，造成东北、西北、西南地区奏折数量较少，因此这些地区在空间分布上也显示缺少山洪灾害记录。

第 3 章

1949—2010 年全国山洪灾害概述

1949 年以来，受特殊的自然地理环境、极端灾害性天气以及经济社会活动等多种因素的共同影响，我国突发局地极端强降雨引发的山洪灾害多发频发，导致大量人员伤亡，占洪涝灾害死亡总人数的比例呈上升趋势，群死群伤事件时有发生。2000 年以来，随着人口增加、水土流失等因素，山洪灾害死亡人数维持较高水平，群死群伤事件时有发生。2000—2010 年，山洪灾害死亡人数平均每年有 1079 人，占洪涝灾害死亡人数的 65%～88%（其中 2010 年为 87.6%，死亡、失踪 3887 人）。

3.1 数据来源

1949—2010 年全国山洪灾害数据来源于全国山洪灾害调查评价数据，山洪灾害调查工作统计了全国 2058 个县历史山洪灾害情况，包括山洪灾害发生次数，发生时间、地点和范围，灾害损失情况，统计整理历史山洪灾害情况。据统计，经过审核入库的历史山洪灾害记录数达 53253 条，覆盖全国 29 个省（自治区、直辖市）和新疆生产建设兵团共 1872 个县级行政区。

3.2 数据处理

对全国调查评价数据中的历史山洪灾害数据进行逐级汇总，审核入库，并进行地图标绘。

（1）分县汇总整理每次山洪灾害发生时间、地点和范围、灾害损失情况，由各县历史山洪灾害数据逐级汇总至省级。

（2）将历史山洪灾害情况汇总表、历史山洪灾害现场调查记录表、历史山洪灾害暴雨洪水调查成果表三个表的内容进行汇总成历史山洪灾害调查汇总表。

（3）对历史山洪灾害数据进行审核并入库，数据库表结构见表 3.1 所示的 1960—2010 年中国典型山洪灾害事件。历史山洪灾害数据审核规则主要包括从规范性、完整性、一致性、合理性几个方面对记录的数据进行复核。

（4）根据历史山洪灾害发生的地点、灾害类型、死亡人数等指标在地图上进行标绘。

3.3　主要结论

全国自 1960 年以来的 31 起有重大人员死亡的山洪灾害事件（表 3.1），共造成 6633 人死亡。其中，2010 年 8 月 8 日舟曲特大山洪泥石流灾害，造成 1501 人死亡，264 人失踪，是新中国成立以来单次死亡、失踪人数最多的特大山洪泥石流灾害。四川、重庆、湖南、云南等地发生多起造成人员重大伤亡的山洪灾害事件，是我国山洪灾害多发频发的区域。

表 3.1　　　　　　　　　　　1960—2010 年中国典型山洪灾害事件

时间	地点	类型	降雨强度	死亡、失踪人数/人	经济财产损失
1960 年 7 月	四川省天全县大河乡	泥石流		200	—
1979 年 11 月 2 日	四川省雅安市陆王沟	泥石流		164	—
1981 年 7 月 9 日	成昆铁路利子依达沟	泥石流		300	冲毁利子依达沟大桥，422 次列车颠覆
1981 年 7 月 27 日	辽东半岛长大铁路	泥石流		664	1835 间房屋冲毁，长大铁路被冲毁 7km，406 次列车颠覆
1984 年 5 月 30 日	云南省东川市黑水沟	泥石流		121	
1997 年 6 月 5 日	四川省美姑县乐约乡	滑坡、泥石流		151	
2001 年 6 月 19 日	湖南省绥宁县	溪河洪水		124	
2002 年 6 月 8 日	陕西省佛坪、宁陕县	溪河洪水、泥石流		455	
2003 年 7 月 11 日	四川省甘孜州丹巴县	泥石流		51	
2004 年 6 月 23 日	湖南省湘西、湘北	泥石流、滑坡		54	
2004 年 9 月	四川、重庆多地	溪河洪水、泥石流、滑坡		233	
2005 年 5 月 21 日	湖南多地	溪河洪水		121	
2005 年 6 月	黑龙江省宁安市沙兰镇	溪河洪水	120mm/3h	117	经济损失 2 亿元以上，小学生 105 人死亡
2005 年 7 月	四川省达州、宣汉、开江等地	溪河洪水		48	
2006 年 7 月	湖南东南、广东东北、福建南部	溪河洪水、滑坡、泥石流	311mm/12h	732	强热带风暴"碧利斯"导致倒塌房屋 26.5 万间，经济损失 266 亿元
2006 年 7 月	江西省上犹、遂川			80	台风"格美"
2007 年 7 月	重庆市	溪河洪水、滑坡、泥石流		58	经济损失 736 万元
2007 年 7 月 28 日	陕西省商洛市	溪河洪水		49	
2007 年 7 月 29 日	河南省卢氏县	溪河洪水、泥石流		88	

时间	地点	类型	降雨强度	死亡、失踪人数/人	经济财产损失
2007 年 8 月 6 日	陕西省安康市	溪河洪水、滑坡、泥石流		60	
2008 年 9 月	四川省绵阳、广元		470mm	66	140 余万人受灾，直接经济损失 25 亿元
2009 年 7 月 11 日	重庆市万州区	溪河洪水		19	
2009 年 7 月 23 日	四川省甘孜州康定县	溪河洪水、泥石流	139.2mm	54	
2009 年 7 月 28 日	四川省攀枝花米易县	溪河洪水	139.2mm	29	直接经济损失约 0.87 亿元
2010 年 6 月 13 日	福建省多地	溪河洪水		172	倒塌房屋 6.05 万间
2010 年 6 月 28 日	贵州省安顺市关岭县	滑坡		99	
2010 年 7 月 13 日	云南省昭通市巧家县	溪河洪水、泥石流		45	
2010 年 7 月 14 日	陕西省安康、汉中、商洛、渭南等地			328	
2010 年 8 月 7 日	甘肃省舟曲县	滑坡、泥石流	97mm/40min	1765	宽 500m 长 5km 的区域夷为平地
2010 年 8 月 11 日	甘肃省天水、陇南	溪河洪水、泥石流、滑坡		52	
2010 年 9 月	广东、福建、广西等地	溪河洪水、泥石流		134	台风"凡亚比"

资料来源：《中国水旱灾害公报》（2006—2010 年）。

3.3.1 1949—2010 年山洪灾害时间变化特征

1949 年以来，山洪灾害记录次数年际波动性较明显（表 3.2 和图 3.1），超过 1000 次的有 10 年份，分别是 1994—1996 年、1998 年、2005—2010 年，尤其 1998 年和 2010 年山洪灾害记录次数最多，达到 4012 次和 6390 次，主要原因是 1998 年长江、嫩江、松花江全流域性大洪水以及 2010 年长江流域大洪水。

表 3.2　　　　　　　　　　1949—2010 年逐年山洪灾害记录次数统计

年份	1949	1950	1951	1952	1953	1954	1955	1956	1957	1958	1959
记录次数	34	66	65	143	181	439	167	234	206	334	176
年份	1960	1961	1962	1963	1964	1965	1966	1967	1968	1969	
记录次数	350	195	267	497	337	149	271	180	215	566	
年份	1970	1971	1972	1973	1974	1975	1976	1977	1978	1979	
记录次数	187	229	235	490	265	730	409	282	337	343	
年份	1980	1981	1982	1983	1984	1985	1986	1987	1988	1989	
记录次数	320	467	763	895	721	589	583	588	612	732	

年份	1990	1991	1992	1993	1994	1995	1996	1997	1998	1999	
记录次数	485	731	489	520	1028	1093	1853	843	4012	688	
年份	2000	2001	2002	2003	2004	2005	2006	2007	2008	2009	2010
记录次数	768	591	930	908	622	1539	1304	1933	1511	1097	6390

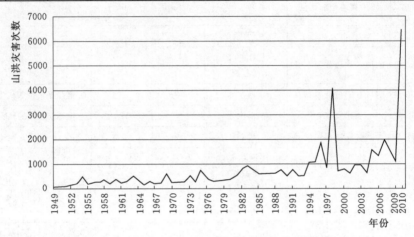

图 3.1　1949—2010 年逐年山洪灾害记录次数统计

根据全国山洪灾害调查，历史山洪灾害死亡人数统计数据（图 3.2），年际间波动较大，死亡人数超过 1000 人的有 20 年份，超过 2000 人的有 4 年份，分别是 1975 年 2321人、1981 年 2075 人、1996 年 2972 人、2010 年 2824 人。

1949—1990 年全国因山洪灾害死亡 33502 人，平均每年死亡 798 人。1991—1999 年全国因山洪灾害死亡 10116 人，平均每年死亡 1124 人；2000—2010 年全国因山洪灾害死亡 12962 人，平均每年死亡 1178 人（其中 2010 年山洪灾害死亡人数占洪涝灾害死亡人数比例为 92％，死亡、失踪 3887 人）。

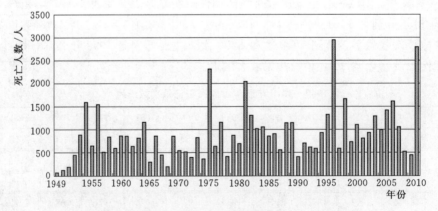

图 3.2　1949—2010 年因山洪灾害死亡人数统计

以 10 年为周期计算，从 20 世纪 50 年代到 70 年代，山洪灾害死亡人数变化不大，基本保持 8000 人以下，从 20 世纪 80 年代开始，山洪灾害死亡人数均在 10000 人以上，虽然山洪灾害记录数呈倍数增长的趋势（图3.3），但死亡人数仅小幅度增长，表明随着社会经济的发展，山洪灾害事件数呈逐步增长的趋势，死亡人数仍然维持高位。

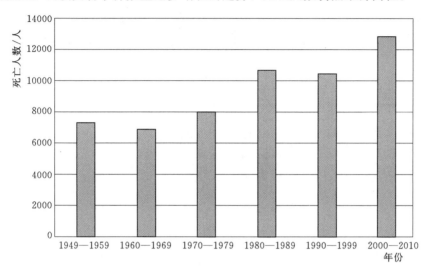

图3.3 1949—2010年十年尺度山洪灾害死亡人数的频次特征

按照死亡人数进行分级统计，死亡、失踪人员大于30人（含30人）为特大型，10～29人为大型，3～9人为中型，1～2人为小型，详见表3.3。2000年以前共发生特大型山洪灾害294起，其中100人以上山洪灾害55起；频次最高的是死亡1～2人及3～9人的山洪灾害事件（即中小型山洪灾害事件），占事件总数的78％。2000—2010年共发生特大型山洪灾害17起，其中100人以上山洪灾害4起；频次最高的中小型山洪灾害事件占事件总数的90％。

表3.3 1949—2010年山洪灾害事件分级统计

等级	特大型		大型	中型	小型
死亡、失踪人数	>100人	30～99人	10～29人	3～9人	1～2人
2000年以前	55次	239次	616次	1517次	1777次
2000—2010年	4次	13次	77次	327次	599次

3.3.2 1949—2010年山洪灾害空间变化特征

1949—2010年全国绝大部分山洪灾害分布在胡焕庸线（约400mm等降水量线）东南区域，全国29个省（自治区、直辖市）和新疆生产建设兵团均有人员伤亡的山洪灾害事件发生，其中死亡人数超过（或接近）4000人的省份有6个，分别是河北省（5715人）、山西省（8761人）、湖北省（4351人）、广东省（3989人）、四川省（5666人）、云南省（4990人）。山洪灾害事件数超过2000次的省（自治区）有8个，分别是吉林省（3074次）、江西省（2549次）、河南省（3041次）、湖南省（3175次）、广西壮族自治区（2508次）、四川省（2312次）、云南省（3214次）、甘肃省（3068次）。四川省、云南省无论是死亡人数还是山洪灾害发生次数都居高位，是我国山洪灾害频发多发省份，见

图 3.4。

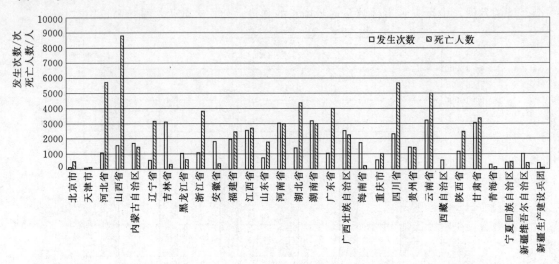

图 3.4　1949—2010 年各省（自治区、直辖市）山洪灾害事件数与死亡人数统计结果

第 4 章

2011—2019 年全国山洪灾害概述

2011 年以来，受气候、环境和人类活动等多种因素的影响，山洪灾害频次明显增多，灾害损失加剧。同时，水利部在全国范围内开展了山洪灾害防治项目建设，通过 10 年来的项目建设和山洪灾害防御实践，水利部指导各地创造性地建设了适合我国国情、专群结合的山洪灾害防治体系，在山洪灾害防治区已形成较为完善的综合防御系统，建立了覆盖山洪灾害防治区的自动雨水情监测站网和上下贯通的监测预警平台，形成固定资产约 93 亿元；基层水利防汛信息化水平显著提高，山洪灾害防治区的村、镇通过监测预警平台和群测群防体系，在山洪来临之前及时转移受灾人口，有效减少人员伤亡。

4.1 数据来源与处理

本章对 2011—2019 年有人员死亡的山洪灾害事件进行搜集和整理，分析了全国山洪灾害事件的时空分布特征，灾害分布范围包括全国有山洪灾害防治任务的 29 个省（自治区、直辖市）和新疆生产建设兵团，不包含香港特别行政区、澳门特别行政区和台湾省，上海市和江苏省无山洪灾害防治任务。

灾情数据来源于《中国水旱灾害公报》（2011—2018 年）、2011—2019 年洪涝灾情统计数据、网上采集的山洪灾害事件、各省（自治区、直辖市）上报的山洪灾害信息、典型灾害调查报告等，结合应急管理部灾情统计数据，并与各省（自治区、直辖市）掌握的实际数据进行核对，对有人死亡的山洪灾害事件进行归类整理，在灾害类型方面仅统计溪河洪水灾害以及由于降雨诱发的滑坡和泥石流灾害。

强降雨过程次数和发生超警、超保证、超历史以上洪水河流条数均来源于水利部信息中心，暴雨统计数据源于美国宇航局发布的 TRMM 卫星降雨数据产品，空间分辨率为 $0.25° \times 0.25°$，时间分辨率为 24h，覆盖时间范围从 2000 年 1 月 1 日到 2019 年 12 月 31 日，空间范围为南纬 50°到北纬 50°。利用 ArcGIS 软件栅格计算工具，对 TRMM 日降雨栅格数据的每个空间网格单元，以年为统计时间段，计算该单元每年暴雨（日降雨量 ≥50mm）出现的总天数。

山洪灾害事件认定原则包括：同一时间同一县不同乡镇发生的山洪灾害事件认定为一起事件，死亡人数相加；同一天同一地点发生了两种类型的灾害，认定为两起事件；同一地点不同时间（间隔 1～2 天）发生了同种类型的灾害，以最开始出现的日期为准，死亡人数进行合并。

山洪灾害分级标准参考《地质灾害防治条例》第四条地质灾害灾情分级规定，死亡、失踪人员大于 30 人（含 30 人）为特大型，10～29 人为大型，3～9 人为中型，1～2 为小型。

4.2　死亡人数分布特征

2011—2019 年全国共发生 1224 起有人员死亡的山洪灾害事件，造成 3162 人死亡，平均每起灾害造成 2.58 人死亡。单起死亡人数最多的山洪灾害发生在 2013 年 8 月 16 日辽宁省清原县，造成 71 人死亡、84 人失踪；一次强降雨过程死亡人数最多的山洪灾害发生在 2016 年 7 月 19 日，涉及河北省石家庄市井陉县、邯郸市武安县、邢台市邢台县、河南省安阳县，4 县共造成 95 人死亡、66 人失踪。

1. 山洪灾害死亡人数呈现显著下降趋势

2011—2019 年因山洪灾害年均死亡 351 人，较项目实施前 2000—2010 年年均 1179 人降低了 68％，其中，2019 年山洪灾害死亡人数（347 人）略低于 2011—2019 年年均死亡人数（351 人）。

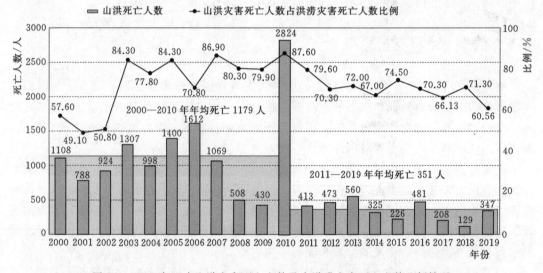

图 4.1　2000 年以来山洪灾害死亡人数及占洪涝灾害死亡人数比例情况

2. 占洪涝灾害比重高，危害严重

20 世纪 90 年代，每年因山洪灾害死亡 1900～3700 人，占洪涝灾害死亡人数比例为 62％～69％；虽然 2000—2009 年山洪灾害平均死亡人数下降至 1014 人，占比为 49％～87％，尤其 2010 年死亡人数 2824 人，占比高达 87.6％。结合图 4.1，2011—2019 年因山洪灾害平均每年致死 351 人，占比仍高达 66％～80％，2018 年因山洪灾害死亡人数和有人员伤亡的山洪灾害事件数均为历史最低，但占洪涝灾害比例仍然在 70％左右，见表 4.1。

表 4.1 　　　　　　　　近些年中国山洪灾害平均致死人数及占比统计

时间	平均致死人数/(人/年)	占洪涝致死人数比例/%
20 世纪 90 年代	1900～3700	62～69
2000—2009 年	1014	49～87
2010 年	2824	88
2011—2019 年	351	66～80

3. 同等降雨条件下山洪灾害死亡人数比前 10 年下降了 2/3

山洪灾害主要是由局地暴雨事件激发形成的，山洪灾害死亡人数与局地暴雨次数正相关，暴雨次数多，发生的山洪灾害事件也多，同等防御条件下可能造成的死亡人数也多。通过分析 2000—2019 年的气象卫星数据，我国平均暴雨次数呈增加趋势，最近 9 年（开展山洪灾害防治项目后）平均年暴雨次数比前 11 年（开展山洪灾害防治项目前）增加了 11.6%。

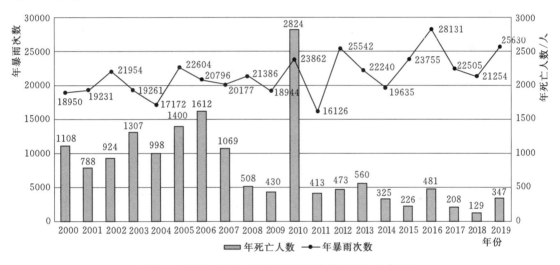

图 4.2　2000—2019 年全国年暴雨次数和死亡人数对比

为了更科学地反映山洪灾害防治项目所发挥的作用，采用平均单次暴雨死亡率，即年死亡人数与年暴雨次数之比，来消除暴雨事件次数的涨落对死亡人数的影响，见图 4.2。2000—2010 年单次暴雨死亡率的均值为 0.057，2011—2019 年为 0.016，约为开展山洪灾害防治项目建设前的 28%。若按照 2000—2010 年的单次暴雨死亡率均值计算，2011—2019 年的山洪灾害年均死亡人数应为 1297 人（实际年均死亡人数为 350 人），在同等降雨条件下，山洪灾害死亡人数较前 10 年相比下降了 66.7%。

4. 山洪灾害死亡人数多年变幅减小，波动趋于平稳

山洪灾害受气候周期和暴雨次数的影响，灾害事件数量具有显著的准周期性，以 5 年为统计周期进行分析，2001—2005 年死亡人数的变幅为 612 人（最大年份为 2005 年死亡 1400 人，最小年份为 2001 年死亡 788 人），2006—2010 年死亡人数的变幅为 2394 人（最大年份为 2010 年，死亡 2824 人，最小年份为 2009 年死亡 430 人），2011—2015 年死亡人数的变幅为 334 人（最大年份为 2013 年死亡 560 人，最小年份为 2015 年死亡 226 人），

2016—2019 年死亡人数的变幅为 352 人（最大年份为 2016 年死亡 481 人，最小年份为 2018 年死亡 129 人）。2011 年后山洪灾害死亡人数波动较前 10 年相比明显减少，波动趋于平稳，说明山洪灾害防治项目增强了山洪灾害抵御能力，有效避免了极端山洪灾害事件的发生。

5. 灾害频发多发区域死亡人数呈减少趋势

甘肃省岷县是我国山洪灾害频发的区域之一，2012 年、2014 年、2018 年发生 3 次山洪灾害事件，均发生在 5—6 月，茶埠镇、禾驮乡均为暴雨中心和重点受灾区域。3 次山洪灾害的共同特点是短时间内的集中降水，造成较大损失，灾害对比情况见表 4.2。从降雨频率来看，2012 年山洪灾害降雨量为 100 年一遇，2018 年山洪灾害降雨量为 60 年一遇；从最大降雨量的数值来看，2018 年的最大降雨量达 101.2mm，2012 年为 97.6mm，2014 年为 89.4mm；从受灾损失状况来看，损失最大的为 2012 年，其次为 2018 年，再次为 2014 年。

绥宁县山洪灾害频发，几乎每年到汛期都会产生 200mm 以上的强降雨，从 2001 年至 2009 年的 9 年中，绥宁县就已发生了 12 次较大规模的山洪灾害，灾害对比情况见表 4.2。2001 年 6 月 19 日 20 时至 20 日 8 时绥宁县金屋、水口等乡镇遭受特大暴雨山洪袭击，造成 124 人死亡。2015 年 6 月 18 日 4—13 时，绥宁县普降暴雨，局地降特大暴雨，武阳、唐家坊、河口 3 个乡镇降雨量超过 200mm，其中武阳镇大溪站 6h 降雨量达 252mm，重现期为 500 年，强降雨导致县内中小河流和山洪沟洪水暴涨，资水支流蓼水河红岩水文站洪峰水位为 106.60m，相应流量为 1780m³/s，超历史实测记录。"2015·6·18"强暴雨山洪造成绥宁县 20.5 万人受灾，损毁倒塌房屋 4100 间，水利、交通等基础设施损毁严重，直接经济损失达 2.15 亿元。对比两次灾害，暴雨山洪发生日期接近，强降雨均出现在凌晨，但 2015 年暴雨强度更大、洪水水位更高、损毁倒塌房屋更多，强降雨 6h 降雨量为 500 年一遇，2001 年为 300 年一遇；2015 年蓼水河红岩水文站水位比 2001 年高 2.52m，流量大 610m³/s；房屋损毁倒塌数量此次为 4100 多间，2001 年为 2400 多间。

表 4.2　　　　　　　　山洪易发区灾害降雨特征与灾害损失情况对比

县名	时间	最大降水量/mm	降雨频率（重现期）/a	受灾乡镇/个	受灾人口/万人	死亡、失踪人数/人	倒塌房屋/间	农作物受灾面积/万亩
甘肃岷县	1995 年 6 月 6 日 20 时 40 分			1（马坞乡）				351 万元经济损失
	2001 年 7 月 24 日 3 时 20 分	200		1（马坞乡）	1.14	46	630	4204.34 万元经济损失，持续 40min
	2012 年 5 月 10 日 17 时	97.6	100	18	35.8	47	19445	36.4
	2014 年 6 月 18 日	89.4	—	6	5.03	0	—	22.5
	2018 年 5 月 16 日 17 时	101.2	60	4	6.89	7	80	6.42

续表

县名	时　间	最大 降水量 /mm	降雨频率 （重现期） /a	受灾乡镇 /个	受灾 人口 /万人	死亡、 失踪人数 /人	倒塌 房屋 /间	农作物 受灾面积 /万亩
湖南 绥宁县	2001 年 6 月 19 日	313	300	5	8.3	124	2400	
	2008 年 5 月 28 日	289	—	4	19.6	3	2100	15
	2009 年 6 月 9 日	223		18	20	13	500	13.8
	2010 年 6 月 17 日	215	—	15	20.4	1	1630	15.45
	2015 年 6 月 18 日	252.2/6h	500	17	20.5	0	4100	16.65

在强降雨和脆弱的地质条件共同影响下，山洪灾害虽然常年发生，但是，由于山洪灾害防治项目的实施，各地充分利用山洪灾害监测预警系统和群测群防体系，加密观测降雨，及时转移群众，两个县近几年都实现了少死亡甚至零死亡的目标，成效显著。

6. 老人和孩子占比较高，外来人员死亡的山洪灾害事件时有发生

近年来极端天气事件频发，超过历史记录的降雨频繁出现，而农村"空心化"明显，导致当地青壮年流失的同时，也增加了流出地的防御压力，老年人、未成年人自我防范意识不强、行动不便，成为山洪灾害的易损人群。2011—2015 年，在因山洪致死人员中，老人和孩子约占 46.3%，2015 年达到 54.8%。2019 年老年人和未成年人死亡人数占总人数的 47%，接近总人数的一半，据调查，"6·10"广东连平县山洪灾害（死亡 11 人）、"6·9"广西全州市山洪灾害（死亡 13 人）和"7·14"江西瑞金市山洪灾害事件（死亡 12 人）死亡人员中，绝大部分都是老年人。

外来人员的增加，尤其是各种旅游如农家乐、自驾游、背包游等兴起，以及日益增多的在建工程，均加速了人员流动。汛期正值暑假旅游、出行旺季，部分旅游、出行、徒步、溯溪的非本地人员对本地气候特点不熟悉，山洪预警可能出现盲点，有的行人甚至不听劝阻、涉险过河，容易发生人员伤亡。2011—2017 年，在因山洪致死人员中，外来人员（打工、旅游人员等）占比达 29.5%。近年造成流动人口死亡的山洪灾害事件见表 4.3。2019 年流动人口占全部山洪灾害死亡人数的比例达到了 14%。如 2019 年"7·21"江西省靖远县吕阳洞景区山洪灾害，295 名游客受困，死亡 4 人；2019 年"8·4"湖北省恩施土家族苗族自治州鹤峰县燕子镇未开放景区躲避峡山洪灾害，13 名死亡人员均为游客；2019 年"8·20"四川省阿坝州汶川县三江镇山洪泥石流灾害，当日汶川县旅游人员多达 4.5 万人，死亡 14 人也均为游客，这些山洪灾害事件均引起了舆论高度关注。

表 4.3　　　　　　近年造成流动人口死亡的山洪灾害事件

时　间	地　点	降雨量	死亡、失踪 人数/人	备　注
2009 年 6 月 15 日	云南省玉龙县鸣音乡	43mm/h	7	均为南方电网公司架线人员
2010 年 6 月 15 日	四川省康定县捧塔乡银厂河	—	23	泥石流垮塌后冲毁银厂河左岸的工棚

时　间	地　　点	降雨量	死亡、失踪 人数/人	备　　注
2011 年 9 月 4 日	四川省峨眉山市龙池镇金川村	—	2	在建的金川电站施工人员
2012 年 6 月 29 日	四川省宁南县白鹤滩镇	74mm/6h	40	金沙江白鹤滩水电工程前期施工的工作人员
2012 年 7 月 21 日	北京市房山区、河北省涞水县等	541mm/24h	131	十渡、野三坡等旅游景点数万人被困
2013 年 7 月 10 日	四川省都江堰市	1108mm/24h	161	大部分属于外来旅游（农家乐）或施工人员
2013 年 8 月 20 日	青海省乌兰县	114mm/24h	24	寺院沟修建通村道路施工人员
2014 年 9 月 1 日	重庆市云阳县	441mm/24h	18	其中 10 人为外地施工人员
2015 年 8 月 3 日	陕西省长安区	83mm/h	9	全为参加农家乐宴会的外来人员
2019 年 8 月 4 日	湖北省恩施土家族苗族自治州鹤峰县燕子镇躲避峡	30mm/h	13	死亡 13 人，均为游客
2019 年 8 月 20 日	四川省阿坝州汶川县三江镇等	43.5mm/h	38	死亡 14 人，均为游客，当日旅游人员多达 4.5 万人

4.3　灾害等级分布特征

1. 以中小型灾害为主，小型灾害发生频次高

2011—2019 年全国有人员死亡的山洪灾害事件中，中小型山洪灾害事件（小于 10 人）共 1178 次，占事件总数的 96.2%；造成 2353 人死亡，占死亡总人数的 74.4%。小型灾害发生频率高，共发生 861 次，占事件总数的 70%。2011—2019 年全国不同等级山洪灾害发生次数与死亡人数见图 4.3。

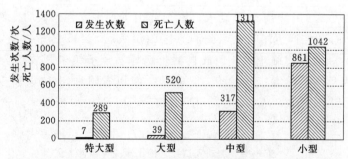

图 4.3　2011—2019 年全国不同等级山洪灾害发生次数与死亡人数

2. 大型以上灾害每年发生，人员伤亡严重

从年际分布特征来看，大型山洪灾害事件每年都发生，特大型山洪灾害事件时有发生（2011 年、2012 年、2013 年、2016 年），大型以上山洪灾害共发生 46 起，导致 809 人死亡，分别占山洪灾害发生次数、总死亡人数的 3.8%、25.6%，大型以上山洪灾害事件造成严重人员死亡，见图4.4。

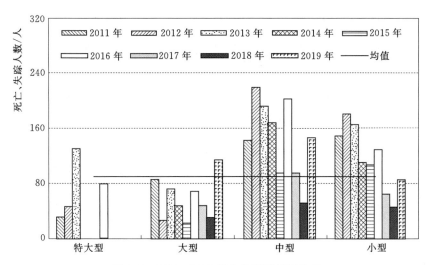

图4.4 2011—2019年山洪灾害等级分布

2011年以来发生特大型山洪灾害事件7起，造成544人死亡、失踪（表4.4），2013年辽宁清原、四川都江堰两场特大型山洪灾害导致316人死亡失踪，占2013年山洪灾害总死亡失踪人数的40.5%。

表4.4   近年来大型山洪灾害事件

时 间	地 点	灾害类型	灾害等级	死亡、失踪人数/人
2011年5月19日	广西壮族自治区桂林市全州县咸水乡	滑坡	大型	22
2011年6月6日	贵州省黔南州望谟县打易镇、郊纳乡、复兴镇、新屯镇	泥石流	大型	16
2011年6月10日	湖南省岳阳市临湘市詹桥镇	溪河洪水	大型	23
2011年7月5日	陕西省汉中市略阳县	滑坡	大型	18
2011年9月23日	陕西省西安市灞桥区席王街道	滑坡	特大型	32
2012年5月10日	甘肃省定西市岷县茶埠、梅川、禾驮等乡镇	泥石流	特大型	47
2012年7月21日	河北省保定市涞源县杨家庄镇、王安镇、上庄乡、塔崖驿乡	溪河洪水	大型	13
2012年7月31日	云南省普洱市景谷县正兴镇、威远镇	溪河洪水	大型	13
2013年6月30日	内蒙古自治区鄂尔多斯市东胜区铜匠川	溪河洪水	大型	19
2013年7月4日	四川省雅安市石棉县广元堡后沟、上河坝黑林沟、新康石棉矿老熊沟	泥石流	大型	12
2013年7月10日	四川省阿坝州汶川县漩口镇、威州镇、绵虒镇	泥石流	特大型	130
2013年7月10日	四川省成都都江堰市中兴镇三溪村	滑坡	特大型	45
2013年7月12日	陕西省延安市宝塔区枣园镇、桥沟镇、蟠龙镇、柳林镇、河庄坪镇	溪河洪水	大型	15

时　　间	地　　点	灾害类型	灾害等级	死亡、失踪人数/人
2013 年 7 月 14 日	甘肃省庆阳市环县樊家川乡郝集村	溪河洪水	大型	4
2013 年 8 月 16 日	辽宁省抚顺市清原县南口前镇、清原镇、红透山镇	溪河洪水	特大型	155
2013 年 8 月 20 日	青海省海西蒙古族藏族自治州乌兰县茶卡镇	溪河洪水	大型	24
2014 年 7 月 9 日	云南省大理白族自治州云龙县功果桥镇	泥石流	大型	14
2014 年 7 月 9 日	云南省怒江州福贡县匹河乡沙瓦村沙瓦河	泥石流	大型	17
2014 年 7 月 21 日	云南省德宏州潞西市芒海镇、五岔路乡	泥石流	大型	22
2014 年 9 月 1 日	重庆市奉节县大树镇岩仙村、青莲镇	泥石流	大型	12
2014 年 9 月 1 日	重庆市云阳县南溪镇、云阳镇、盘龙街道、江口镇永发煤矿	滑坡	大型	18
2015 年 8 月 16 日	四川省泸州市叙永县白腊苗族乡	泥石流	大型	24
2015 年 9 月 16 日	云南省丽江市华坪县中心镇田坪村 1 组、大竹林廉租房	溪河洪水	大型	12
2016 年 6 月 19 日	湖北省黄冈市蕲春县张榜镇塔林村、横车镇	溪河洪水	大型	12
2016 年 7 月 9 日	福建省福州市闽清县坂东镇坂东村等	溪河洪水	特大型	39
2016 年 7 月 19 日	河北省石家庄市井陉县南峪镇、小作镇等	溪河洪水	特大型	96
2016 年 7 月 20 日	河北省邯郸市武安市近古村、龙泉村等	溪河洪水	大型	27
2016 年 7 月 23 日	河北省邢台市邢台县西黄村镇、会宁镇等	溪河洪水	大型	19
2016 年 7 月 25 日	河南省安阳市安阳县铜冶镇、水冶镇等	溪河洪水	大型	19
2016 年 9 月 19 日	四川省攀枝花市仁和区大田镇	滑坡	大型	10
2017 年 7 月 1 日	湖南省长沙市宁乡县栗江村、丰收村、泉井村	溪河洪水	大型	13
2017 年 7 月 1 日	湖南省长沙市宁乡县沩山乡祖塔村、青山桥镇田心村	泥石流	大型	10
2017 年 8 月 8 日	四川省凉山州普格县荞窝镇耿底村	泥石流	大型	25

注　1. 资料来源:《中国水旱灾害公报》(2011—2018 年);《山洪灾害事件分析报告》(2013—2019 年)。
　　2. 死亡、失踪人数为 10～29 人,为大型山洪灾害;死亡、失踪人数为 30 人及以上,为特大型山洪灾害。

4.4　灾害类型分布特征

1. 溪河洪水是山洪灾害主要表现形式

无论是灾害发生次数还是死亡人数,溪河洪水是目前山洪灾害的主要类型。2011—2019 年全国共发生有人员死亡的溪河洪水灾害 697 起(占灾害事件总数的 56.9%),死亡 1706 人,占总死亡人员的 54%;发生有人员死亡的滑坡灾害 301 起(占灾害事件总数的 24.6%),死亡 757 人,占总死亡人员的 24%;发生有人员死亡的泥石流灾害 226 起(占灾害事件总数的 18.5%),死亡 699 人,占总死亡人员的 22%。2011—2019 年山洪灾害类型分布情况见图 4.5。

2. 滑坡和泥石流灾害并重,单次泥石流致灾重

2011—2019 年,因溪河洪水、滑坡、泥石流平均每年致死分别为 190 人、84 人、78

人，溪河洪水平均致死人数比滑坡和泥石流之和略多，滑坡和泥石流灾害死亡人数基本相当；三种类型灾害平均每次致死分别为 2.4 人、2.5 人、3.1 人。单次溪河洪水致死人数最少，单次泥石流灾害平均致死人数最多。

从年际分布特征看，2011 年，溪河洪水灾情和滑坡相当；2012 年、2013 年、2016 年溪河洪水灾情严重，总人数超过了滑坡和泥石流之和，而滑坡、泥石流平均致死人数相当；2014 年各类型灾害相差不大，滑坡略微严重；2015 年、2017 年溪河洪水和泥石流灾害基本相当。2011—2019 年不同类型山洪灾害死亡人数分布见图 4.6。2018 年、2019 年溪河洪水占主导地位，但泥石流占比相比滑坡略多。

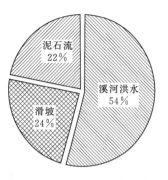

图 4.5　2011—2019 年山洪灾害类型分布情况

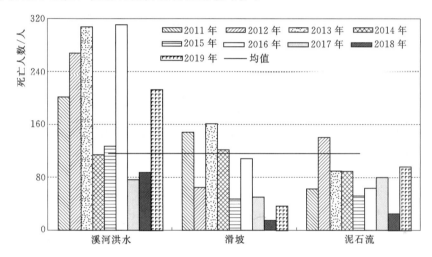

图 4.6　2011—2019 年不同类型山洪灾害死亡人数分布

4.5　灾害发生时间分布特征

1. 山洪灾害发生时间跨度长

山洪灾害事件发生时间跨度长，一般每年从华南地区 3—4 月开始，持续到西南地区 10—11 月结束。2011 年、2012 年、2013 年、2014 年、2015 年、2016 年共 6 年在汛后 10 月份出现灾情，2012 年、2014 年、2016 年、2018 年共 4 年在汛前 3 月份出现灾情。发生时间最早的一起山洪灾害是 2012 年 3 月 7 日发生在广东省清远市清新县龙颈镇立坑村迳尾林场的山体滑坡，造成 7 人死亡；最晚的一起山洪灾害是 2011 年 11 月 9 日发生在云南省楚雄州双柏县鄂嘉镇新厂村的山洪泥石流灾害，造成 3 人死亡。

2. 山洪灾害主要集中在主汛期 6—8 月

我国夏季汛期一般为 4—9 月，主汛期为 7 月、8 月，2011—2019 年山洪灾情月份分布见图 4.7。从时间上分析，2011—2019 年的山洪灾害事件主要发生在 3—11 月，灾情主要集中在 6 月、7 月、8 月 3 个月（图 4.7），持续时间较长，这 3 个月共发生 943 次（占总事件数的 77%），造成 2457 人死亡，占死亡总数的 78%。

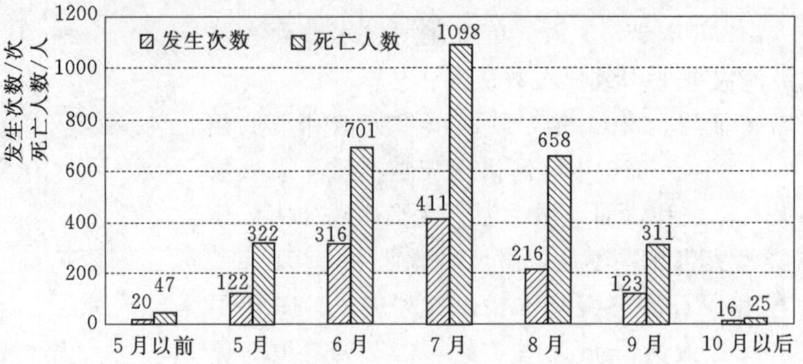

图 4.7　2011—2019 年山洪灾害月份分布

全国发生有人员死亡的山洪灾害事件呈现"中间大，两头小"的特征。5 月以前发生
20 次，死亡 47 人，5 月发生 122 次，死亡 322 人；6 月发生 316 次，死亡 701 人；7 月发
生 411 次，死亡 1098 人；8 月发生 216 次，死亡 658 人；9 月发生 123 次，死亡 311 人；
10 月以后发生 16 次，死亡 25 人。

3. 灾害发生时间多在深夜

随着人口增长和经济社会的发展，山丘区人类活动集中，城镇和重大工程沿河谷分
布，人口居住区、经济密集区和山洪灾害危险区的重叠也加剧单次灾害的经济损失。突发
性山洪灾害经常发生在晚上人们熟睡时，且强降雨易造成通信故障，进一步加剧了山洪灾
害造成的损失。仅 2018 年发生在 22 时至次日 6 时的山洪灾害就有 21 次，占全部 56 次灾
害的 37.5%。深夜气温低，容易在局部产生强降雨。

2018 年 9 月 1 日凌晨 5 时，云南省文山壮族苗族自治州麻栗坡县猛硐乡 24h 降雨量
215mm，最大 1h 降雨量 97.4mm，最大 3h 降雨量达 161mm，引发山洪泥石流，导致
5.95 万人受灾，死亡 10 人、失踪 11 人，直接经济损失 22.8 亿元。

2015 年 6 月 29 日，安徽省金寨县汤家汇镇凌晨 2 时，累积降雨量达到 159mm，山洪
暴发，全镇电力、交通、通信中断，导致 7 人死亡、失踪，其中有 2 人在熟睡中被冲走。

4.6　区域分布特征

1. 西南地区山洪灾害频发

区域分布上，2011—2019 年全国 6 个区域均有人员死亡的山洪灾害事件发生，见
图 4.8。西南地区灾情最重，每年灾情远远超过均值（2018 年除外），尤其是 2014 年，该
地区因山洪致死人数比例高达 61.4%，致死人数超过其他区域之和；中南、西北地区自
2011 年连续 3 年的灾情超过了均值；除华东，华北区域与均值基本持平外，其他 4 个区
域 2013 年的灾情全超过均值，华北地区在 2012 年、东北地区在 2013 年也发生过特大型
山洪灾害事件。2018 年西北区域因山洪致死人数比例高达 47%，而西南区域因山洪致死
人数比例为 14%，为历史最低值。

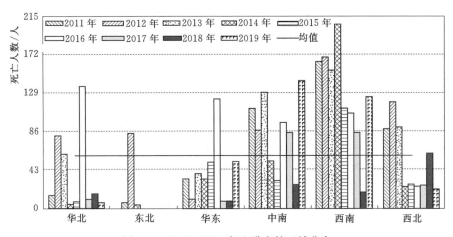

图 4.8 2011—2019 年山洪灾情区域分布

2. 各省山洪灾害死亡人数年际波动性较大

2011—2019 年山洪灾害死亡人数排名前十的省份分别是四川、云南、湖南、贵州、广西、陕西、广东、甘肃、河北、福建，其中南方省份 7 个、北方省份 3 个，占全国山洪灾害死亡人数的 69％，见图 4.9。

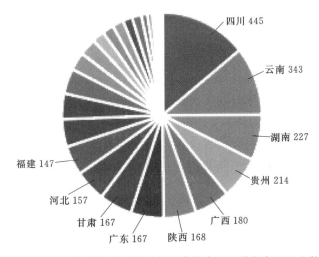

图 4.9 2011—2019 年各省（自治区、直辖市）山洪灾害死亡人数分布

从年际分布特征看，各省（自治区、直辖市）山洪灾害死亡人数年份间波动性较大，其中云南省、四川省每年都会发生致人死亡的山洪灾害事件，且死亡人数都在平均值以上，是山洪灾害频发多发的省份；从历年山洪灾害死亡人数看，南北方均有分布，河北省2016 年山洪灾害致死人数最多，死亡人数较多的省份还包括四川省（2013 年）、福建省（2016 年）、辽宁省（2013 年）、陕西省（2011 年）、四川省（2012 年）等。

3. 同一区域频繁受灾现象显著

2011—2019 年，全国共有 687 个县（区、市）出现过有人员死亡的山洪灾害事件，占全国山洪灾害防治县总数的 33％，287 个县（区、市）重复遭受山洪灾害，203 个县（区、市）在不同年份遭受过山洪灾害，占全国山洪灾害防治县总数的 9.8%。

　　重复受灾县数上，云南省重复受灾县达 48 个，占全部防治县比例的 37%，死亡、失踪人数最多；四川省重复受灾县 36 个；重庆市 20 县（51%）山洪灾害防治县重复遭受山洪灾害威胁。详见图 4.10。

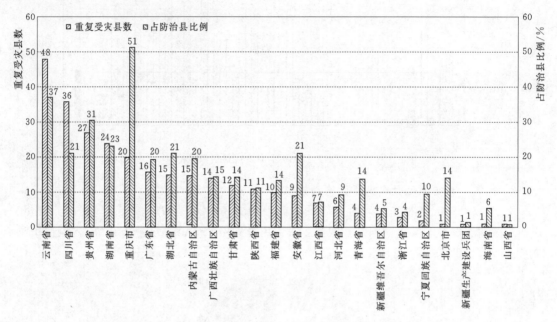

图 4.10　2011—2019 年重复遭灾县数及占山洪灾害防治县的比例

　　重复次数上，云南省盐津县 2012 年、2013 年、2016 年、2017 年、2019 年 5 年发生 12 次有人员死亡的山洪灾害，造成 30 人死亡，2013 年重复遭遇了 5 次山洪灾害，前后灾害发生相差约 10 天；内蒙古自治区巴林右旗于 2011 年、2013 年、2016 年发生 8 次有人员死亡的山洪灾害，造成 9 人死亡；重庆市奉节县于 2011 年、2012 年、2014 年发生 7 次有人员死亡的山洪灾害，造成 14 人死亡；贵州省习水县于 2013 年、2014 两年发生 7 次有人员死亡的山洪灾害，造成 28 人死亡，其中 2014 年 6 月、8 月重复遭遇 5 次山洪灾害；云南省红河州金平县于 2013 年、2014 年、2015 年、2017 年、2019 年 5 年发生 7 次有人员死亡的山洪灾害，共造成 17 人死亡。

　　在重复受灾的县（区、市）中，发生过大型以上山洪灾害的涉及 13 省（自治区、直辖市）34 县，其中四川省 7 个、云南省 6 个，见表 4.5。因此，山洪灾害发生后同样可能再次发生，尤其是西南山区山洪灾害频发区域。

表 4.5　　　　　　　　　　　　发生过大型山洪灾害的重复受灾县（34 县）

序号	省（自治区、直辖市）	县（区、市）
1	四川	都江堰市①、甘洛县、普格县、仁和区、石棉县、汶川县、叙州区
2	云南	福贡县、华坪县、景谷县、潞西市、麻栗坡县、云龙县
3	甘肃	环县、靖远县、岷县①

续表

序号	省（自治区、直辖市）	县（区、市）
4	河北	井陉县①、武安县、邢台县
5	湖北	鹤峰县、蕲春县、郧阳区
6	湖南	临湘市、宁乡市
7	广西	凌云县、全州县
8	陕西	宝塔区、略阳县
9	重庆	奉节县、云阳县
10	内蒙古	东胜区
11	福建	闽清县①
12	贵州	望谟县
13	江西	瑞金市

① 都江堰市、岷县、井陉县、闽清县为特大型山洪灾害。

4.7 小结

随着经济社会的发展，在大范围内全面开展山洪灾害防治项目建设，全国山洪灾害防御能力不断提升，最大程度上避免突发性山洪灾害群死群伤事件，单次灾害平均致死人数呈现明显下降趋势，尤其 2018 年全国因山洪灾害死亡人数、有人员死亡的山洪灾害事件数均为历史最低。2011—2019 年全国山洪灾害事件呈现以下特点：

（1）死亡人数上。山洪灾害死亡人数呈现下降趋势，2000—2010 年，山洪灾害死亡人数平均每年 1079 人，占洪涝灾害死亡人数的 65%～92%（其中 2010 年为 92%，死亡 2824人）；防治工作实施后的 2011—2019 年，年均山洪灾害因灾死亡 351 人，较项目实施前 2000—2010 年年均 1079 人降低了 68%，占洪涝灾害比重高，危害严重，平均单次暴雨死亡率比前 10 年下降了 2/3，多年变幅减小，波动趋于平稳，灾害频发重发区死亡人数减少。

（2）灾害等级上。以中小型灾害为主，小型灾害发生频次高，大型以上灾害每年发生，人员伤亡严重。

（3）灾害类型上。溪河洪水是山洪灾害主要表现形式，滑坡和泥石流灾害并重，单次泥石流致灾重。

（4）发生时间上。主要集中在主汛期 6—8 月；山洪灾害发生时间跨度长，而且多发生在深夜 22 时至次日凌晨 6 时，从华南地区 3—4 月开始，持续到西南地区 10—11 月结束，发生时间最早的一起山洪灾害是 2012 年 3 月 7 日发生在广东省清远市清新县龙颈镇立坑村迳尾林场的山体滑坡，造成 7 人死亡，最晚的一起山洪灾害是 2011 年 11 月 9 日发生在云南省楚雄州双柏县鄂嘉镇新厂村的山洪泥石流灾害，造成 3 人死亡。

（5）区域分布上。西南地区山洪灾害频发，因山洪致死人数比例高达 61.4%；各省（自治区、直辖市）山洪灾害死亡人数年际波动性较大；同一区域频繁受灾现象显著，287 个县（区、市）重复遭受山洪灾害，203 个县在不同年份遭受过山洪灾害，占全国山洪灾害防治县总数的 9.8%。

第 5 章

近年典型山洪灾害防灾避险案例

　　水利部规定，对死亡 3 人以上的山洪灾害事件要求各省（自治区、直辖市）上报材料。从 2012 年开始每年选取 1～2 起典型山洪灾害事件开展现场调研，对灾害发生过程的雨情、水情、灾情、防御过程进行梳理，试图还原山洪灾害防御的全过程，形成相关调研报告。本书汇编的典型山洪灾害事件，按照事件等级、灾害程度等条件，筛选出 2000 年以来发生的 24 起山洪灾害案例，基本覆盖了全国不同类型的山洪灾害防治区，详细阐述了每场山洪灾害雨水情、灾害成因、特点和防御过程等。在案例分析中，既有零伤亡的案例，也有死亡人数较多但发挥效益的案例，较全面地反映了全国山洪灾害防御的现状。

5.1　黑龙江宁安市沙兰镇"2005·6·10"山洪灾害

　　2005 年 6 月 10 日下午 2 时许，黑龙江省宁安市沙兰镇沙兰河上游局部地区突降 200 年一遇的特大暴雨。这次暴雨降水强度大、历时短、雨量集中、成灾快，平均降雨量为 123.2mm，高大点降雨量为 200mm，引发特大山洪。河水漫堤淹没了沙兰镇中心小学和大量民房，受灾最严重的是沙兰镇中心小学，校区最大水深超过 2m，当时正有 351 名学生上课，因而造成了死亡 117 人的重大伤亡（其中小学生 105 人），经济损失达到 2 亿元以上[13]。

　　沙兰河沙兰镇以上河长 25.8km，流域集水面积 115km²。地形西北高，东南低，最高点为 805m，最低点为沙兰镇，地面高程 300m。流域内有沙兰镇和 5 个自然村屯。和盛水库至沙兰镇区间流域面积为 70km²，形状呈狭长形，长约 14km，宽约 5km。和盛水库为一座小（1）型水库，库容为 580 万 m³，水库集水面积为 45km²。和盛水库至沙兰镇河道平均比降为 6‰，落差为 84m。

5.1.1　雨情

　　流域内降雨从 12 时 50 分开始，至 15 时结束，最大降雨区王家屯降雨量为 200mm，平均降雨强度为 41mm/h，点最大降雨强度为 120mm/h，流域平均降雨量为 123.2mm，是沙兰河流域多年平均 6 月份降雨总量（和盛水库 92.2mm）的 1.34 倍。

　　选取沙兰河流域周边有长时间序列雨量资料的尔站、团山子站、七峰站、长汀子站、石河站、金坑站、石头站和宁安站共 8 处观测站资料，根据暴雨系列资料排频，计算 3h

的频率 $P=1\%$、$P=0.5\%$、$P=0.33\%$ 的设计暴雨值，再点绘 3h 设计暴雨频率等值线图；沙兰河流域"6·10"暴雨量值位于 3h 的频率 $P=0.5\%$ 设计暴雨等值线范围内，确定形成这次洪水的暴雨重现期为 200 年。

5.1.2 水情

6 月 10 日 14 时 15 分，洪水袭击沙兰镇，15 时 20 分达到最高水位，16 时洪水已基本退去，沙兰镇中心小学洪水水深达 2.2m。推算形成这次洪水的暴雨重现期为 200 年，洪峰流量为 850m³/s，洪水总量为 900 万 m³。

1. 洪峰流量估算

洪峰流量按式（5.1）估算，其具体参数见表 5.1。

$$Q_\mathrm{m} = 0.278 \times \frac{\varphi S}{\tau^n} \times F \tag{5.1}$$

式中：Q_m 为洪峰流量，m³/s；φ 为洪峰径流参数，根据雨强和流域坡度，取 0.90；S 为汇流时间段的最大降雨量，mm，取值为 $123.2 \times 0.80 = 98.56$；$F$ 为流域面积，km²，取 70km²；τ 为流域平均汇流时间，h，取 2h；n 为暴雨递减指数，取 1.0。

由式（5.1）和表 5.1 综合计算，得到洪峰流量 $Q_\mathrm{m} = 863$m³/s。

表 5.1　　　　　　　　　　　　　实测洪水调查洪峰流量估算

断面	主　槽			滩　地			ΣQ /(m³/s)	$\Sigma Q/F$ [m³/(s·km²)]
	A/m^2	$V/(\mathrm{m/s})$	$Q/(\mathrm{m}^3/\mathrm{s})$	A/m^2	$V/(\mathrm{m/s})$	$Q/(\mathrm{m}^3/\mathrm{s})$		
西沟村	64.9	2.10	136	137	1.20	164	300	14.42
鸡蛋石沟村	175	2.20	385	164	1.20	197	582	12.65
沙兰镇	280	2.30	644	163	1.20	196	840	12.00

2. 洪水总量计算

推理公式法计算洪水总量时，降雨径流参数取 $\varphi = 0.90$，F 为区间面积 70km²，平均降雨量为 123.2mm，计算洪水总量为 776 万 m³，考虑了水库对本次洪水调蓄的水量 100 万 m³，洪水总量合计为 876 万 m³。

概化三角形法计算洪水总量时，洪峰流量取 855m³/s，洪水历时 6h，估算洪水总量为 923 万 m³。

综合两种估算方法结果，洪水总量平均为 900 万 m³。

5.1.3 灾情

据不完全统计，这场特大山洪造成沙兰镇及其所属的 7 个村屯 3600 户 13800 多人受灾，因灾死亡 117 人，其中小学生 105 人，村民 12 人，严重受灾户 982 户，受灾居民 4164 人，倒塌房屋 324 间，损坏房屋 1152 间，被毁良田 8.6 万亩，占全镇耕地面积的 48%。

5.1.4 防御过程

1. 成立指挥机构

灾情发生当天，立即在沙兰镇成立了抢险救灾指挥部，成立了指挥部办公室、部队协调组、清淤救助组、汛情监测组、交通治安组、信访稳定组、灾区捐赠组等，组长全部由市级领导担任，并在指挥部办公室内部设立了综合组、调度组、信息统计组、工作督查组和内勤管理组等。

2. 开展搜救工作

当日赶到现场的市、县两级领导，就近组织机关干部、教师、部队官兵、公安干警等2000 多人，船只 20 多艘，车辆 20 多台，进行紧急营救。紧急调集牡丹江军分区、武警、森林警察、消防及驻军 207 团总计 1000 名部队官兵，于 11 日凌晨 3 时 30 分全部到达沙兰镇，沿学校周围及河流下游等重点区域，开展搜救工作，并在牡丹江流域设立了 5 个哨所，全天观察和搜寻失踪人员。

3. 开展灾后清淤

按照先清淤后消毒的原则，从全市抽调 198 台机器设备，投放人力 2.2 万人次，开展大面积清淤工作，出动 4 台翻斗车，寻找溺死动物。截至 6 月 16 日，累计清淤 8.4 万 m^3，挖砂 1500m^3，修复主干道路 1700 延米。共派出防疫人员 364 人次，出动车辆 52 台次，投放消毒药品 74 箱，价值 13 万元。

4. 恢复群众生活

2 名市级领导挂帅，抽调专门力量，及时协调有关部门，从宁安和牡丹江调集 5 台消防车为灾民供水，沙兰镇 6 月 13 日全部恢复供电和通信，15 日全镇恢复供水。到 6 月 16 日，共向灾民发放帐篷 154 顶、食品 72000 份、衣物 10500 件、棉被 4340 条、救济粮食 37900kg、矿泉水 6900 箱、洗漱用品 800 套、豆油 4400kg，还有饮料、牛奶、蔬菜、牙具等物品。

5.1.5　经验教训

（1）灾害风险意识不强。沙兰镇中心小学紧挨着沙兰河，建在了该镇地势低洼的地方，属于易于受淹的高风险区。沙兰镇很少发洪水，即使发生了洪水，漫溢出槽的洪水也只有几十公分的水深。这次在沙兰镇中心小学，洪水水深达到 2.2m。由于没有严重山洪灾害的历史记录，沙兰镇一直也未被列为山洪灾害重点防治对象。

（2）学校的选址不当。沙兰中学迁到了离镇 8kg 外的高岗上异地新建，而中心小学由于资金筹集比较困难，加之学校地处镇中心，教师上班和学生就学都比较方便，群众不愿意迁移，致使这一计划没有得到落实。2002 年黑龙江省拨款 74 万元，地方筹资 30 万元，对学校进行了翻修，但没有垫高房基；2003 年完成校舍的危房改造，并通过了牡丹江市规范化合格小学的验收。如果学校选址能避开高风险区，或者 2003 年重建时能将地基再垫高 1m，小学生面临的洪水风险就可能大为降低。因此对于灾害弱势群体集中的建筑，一定要尽力回避高风险。有条件设在高风险区以外的，应尽可能迁出高风险区；没有条件迁出高风险区的，应设法将建筑基础垫高。

（3）未能迅速及时发出预报警报。从 12 时 50 分开始降暴雨，到 13 时 45 分形成山洪后，就有人打电话向下游报警，镇政府未能及时作出反应。沙兰小学幸存的孩子中，有些就是由于家长在 14 时前后得到消息，赶在山洪进校前一步，将孩子接出了校园。沙兰镇 14 时 44 分向宁安市报警时街面水深才没小腿，15 时 20 分学校受淹达到最高水位，除去核实情况的时间，也有至少 30min 的有效时间可组织学生避险转移。

（4）未能及时清除阻水漂浮物。这次洪水过程中两座桥梁被上游随洪水冲下来的杂木、秸秆、垃圾严重堵塞，中心小学 1 号桥为平板桥，共 5 孔，每孔宽 8m，共 40m 宽，最大过水能力为 250 m^3/s；2 号桥为拱桥，共 4 孔，每孔宽 20m，共 80m 宽，最大过水能力为 170m^3/s。连桥面栏杆都因漂浮物堵塞而形成了阻水的墙，最后不堪重负而倒塌。这次洪水过程中，如果及时清除桥梁阻水漂浮物，能够使水位降低 30～50cm。

（5）缺乏正确有效的自保自救。采取正确有效的措施，将保护生命安全放在首要地位，是减轻人员伤亡的关键。据了解，这次沙兰因灾死亡的村民中，就有为抢救家中钱财而丧命的，也有部分师生和群众因采取正确自救方法成功脱险的。4 年级 1 班班主任坚持指挥学生保持镇静，正确采取自保措施，该班同学存活比例大。镇水利站站长 2 时 44 分第一个向市防办报警，镇林业站站长在大水封门时，果断砸破窗玻璃，将 4 位老人救上房顶。

（6）防灾训练亟待规范。缺少防灾意识，是应急反应迟钝的主要原因；缺少自救的本领，遇到突发性灾难惊惶失措；缺少应急的组织，最紧急的时刻，处于混乱状态。大灾之后，黑龙江省已经作出决定，要对所有中小学生开设防灾教育课。

（7）加强建筑逃生设施改造。大灾之后，沙兰小学得以迁址重建；但是对于绝大多数有类似风险的学校来说，此模式尚难以效仿和推广，需对有风险的建筑进行洪水风险的评价，有针对性地对建筑进行耐淹加固和增设逃生设施的改造。例如，每个教室都有可上顶棚的天窗和墙梯，并在顶棚上设置可二次转移的棚窗等。

（8）提高应急预案的可操作性。沙兰镇的防灾避险预案主要措施集中在筹集物资和抢险上，并没有人员疏散的措施。王家村的防洪预案中只明确准备 3000 个编织袋，具体用途是预防该村拦河坝决堤，却没有"逃跑"的措施。沙兰镇悲剧发生之后，黑龙江省要求各级政府对防汛应急预案都作了检查与修订，增强了预案的可操作性，大大推进了此项工作。

（9）城镇开发建设挤占行洪区。这次引发沙兰河流域山洪的暴雨，主要落在了和盛水库至沙兰镇之间的 70km^2 的丘陵区，现在基本上都开垦成了坡耕地，这次洪灾与两岸房屋缩窄行洪断面、壅高水位也有一定的关系，城镇多年的开发建设逐步挤占了行洪区，也是这次洪灾损失严重的原因之一。

点评：

沙兰镇这次特大山洪灾害非常典型，伤亡惨重，教训深刻，尤其 105 个被山洪夺去宝贵生命的孩子，造成了沙兰悲剧。此次灾害事件中存在的阻水障碍物堵桥、预警信息未及时传达、灾害防御意识薄弱等问题在今天仍然不同程度存在，天灾背后的人祸值得从业者深思，需要警惕人员密集区（学校、旅游景区）群死群伤事件再次发生。

（1）形成时间短，洪水量级大。降雨过程仅 1h 10min，重现期为 200 年，属于典型发生在山丘区陡涨陡落的洪水。

（2）突发性强，灾害防御意识薄弱。沙兰镇很少发洪水，即使发生了洪水，漫溢出槽的洪水也只有几十公分的水深，而这次在沙兰镇中心小学，洪水水深会达到 2.2m。沙兰镇一直也未被列为山洪灾害重点防治对象，缺少必要的防灾准备，在得到洪水来临的消息后不能迅速引起警觉，而陷入灭顶之灾后许多人惊慌失措，难以正确实施自保自救措施。

（3）造成损失大，教训深刻。此次灾害占 2005 年因山洪灾害死亡总人数的 8%。这次沙兰镇的确是遭受了出乎人们预料和想象的罕见天灾，而许多事实又表明，当地的人们确实失去了一些可能挽救生命的机会。

资料来源：

程晓陶．沙兰洪水调查报告、"让沙兰悲剧不再重演"等。

5.2　甘肃舟曲县"2010·8·8"特大山洪泥石流灾害

2010 年 8 月 7 日 22 时 40 分，甘肃省甘南藏族自治州舟曲县城东北部山区突降短历时、高强度暴雨，持续 40 多 min，最大降雨量达 90 多 mm，引发县城东北部的三眼峪、罗家峪发生特大山洪泥石流。泥石流涌入白龙江后，形成巨大堰塞体堵塞了河道，白龙江水位比灾前上涨 10m，水面高出了河堤 3m，城区 2/3 的区域一片汪洋，主要街道被淹没，城区大面积停电，通信完全中断。这起灾害是 1949 年以来单起灾害造成人员死亡失踪最严重的泥石流灾害，冲出沟口的固体堆积物达 180 万 m³，舟曲县城 2/3 严重受灾，涉及人口约 5 万人，1501 人死亡，264 人失踪，初步估计直接经济损失达 4 亿元[14,15]。

5.2.1　雨情

8 月 7 日晚，舟曲县城正北方向的三眼峪和罗家峪一带发生大暴雨，此次暴雨范围小、历时短、强度大，暴雨过程的走向为从西北到东南。舟曲县气象局东山雨量站的观测数据表明，舟曲县城西北方向的迭部县代谷寺降雨从 7 月 23 日 20 时开始，20—21 时降雨量为 55.4mm；舟曲县城东山镇降雨从 21 时开始，21—22 时降雨量为 1.8mm，22—23 时降雨量为 0.5mm，23—24 时降雨量达 77.3mm。最大降雨量出现在舟曲县城东南部的东山镇，8h 累积降雨量为 96.3mm，舟曲县西北方向白龙江上游的迭部县代古寺 8h 累积降水量为 93.8mm。舟曲及白龙江上游各雨量站 8 月 7 日 20 时至 8 日 5 时降雨量见表5.2。舟曲县城东南部的东山镇的降雨量最大，7 月 23 日 23—24 时降水量达到 77.3mm，正是这一时段的集中降雨造成了舟曲特大山洪泥石流灾害。

表 5.2　　　　舟曲附近各雨量站 2010 年 8 月 7 日 20 时至 8 日 5 时降雨量

雨量站名	各时段降雨量/mm										合计
	8 月 7 日					8 月 8 日					
	20 时	21 时	22 时	23 时	0 时	1 时	2 时	3 时	4 时	5 时	
迭部	3.1	0.8	0.0	0.0	0.0	0.1	0.0	0.0	0.0	0.0	4.0
扎尕那	3.8	0.0	0.0	0.5	0.0	0.2	0.0	0.0	0.0	0.0	4.5
白云	15.9	1.3	0.0	0.0	0.0	0.2	0.0	0.0	0.0	0.0	17.4
达拉	0.4	3.6	0.7	0.1	0.0	0.0	0.0	0.0	0.0	0.0	4.8

雨量站名	各时段降雨量/mm										合计
	8月7日					8月8日					
	20时	21时	22时	23时	0时	1时	2时	3时	4时	5时	
旺藏	13.5	3.5	0.1	0.1	0.0	0.5	0.5	0.1	0.0	0.0	18.3
多儿	0.0	0.0	0.3	0.5	0.4	0.3	2.1	1.5	0.2	0.0	5.3
代古寺	0.0	55.4	28.4	0.5	1.8	2.3	3.9	1.4	0.1	0.0	93.8
腊子口	0.1	0.0	23.4	3.2	5.0	4.4	0.3	0.1	0.0	0.0	36.5
立节	0.0	0.0	3.0	0.7	0.7	0.3	0.0	0.1	0.0	0.0	4.9
峰迭	0.0	0.0	0.0	13.8	1.4	1.0	0.6	0.6	0.0	0.0	17.4
舟曲	0.0	0.0	0.0	0.0	2.4	6.8	0.7	1.7	1.1	0.1	12.8
东山	0.0	0.0	1.8	0.5	77.3	10.9	1.1	2.0	2.5	0.2	96.3
石门坪	0.0	0.0	0.0	0.0	2.4	23.5	2.0	1.7	0.5	0.5	30.6
木耳坝	0.0	1.2	1.2	0.0	0.0	0.0	8.1	7.2	5.3	1.6	24.6

5.2.2 水情

通过计算，三眼峪调查河段泥石流洪峰流量为 1160m³/s，罗家峪调查河段泥石流洪峰流量为 583m³/s。泥石流洪峰流量不同于普通的洪水形成的洪峰流量，因泥石流中包含有大量的石块和泥土，在较小的流域能够形成很大的泥石流洪峰值。三眼峪流域形状为扇形，根据洪峰流量和洪水历时概化出的洪水过程线为三角形，计算出三眼峪洪水总量为 174 万 m³；罗家峪流域形状为长条形，罗家峪洪峰有一定的滞时，概化出的洪水过程线为梯形，计算出罗家峪洪水总量为 115 万 m³。

5.2.3 灾情

8月8日0时许，暴雨引发两条沟系特大山洪泥石流，包括舟曲县城关镇月圆村在内的宽约500m、长约5km的区域被夷为平地，泥石流涌入白龙江，形成堰塞湖。8月8日1时许，该区域居民 2000 人、300 户被泥石流掩埋，20 余栋楼房被冲毁。灾害使县城受灾区域的近半数房屋建筑受损。白龙江城区段两岸大部分楼房和平房严重受浸，部分房屋倾斜，共造成 1501 人死亡，264 人失踪。

5.2.4 抢险救灾

8月8日凌晨，甘肃省舟曲县因强降雨引发滑坡泥石流，堵塞嘉陵江上游支流白龙江，形成堰塞湖，造成重大人员伤亡，电力、交通、通信中断。8月8日中午 12 时，有关部门负责同志赶赴受灾地区。8月8日最早的一只救援力量——武警交通第六支队（现武警交通第八支队）救援队携带专业设备赶到舟曲泥石流救援现场，灾害救援8日晚彻夜进行。由于灾害发生突然，不少居民在泥石流灾害中遇难。有的居民甚至全家只有个别人幸存。

8月9日凌晨召开的指挥部会议上，卫生部现场调集心理医生赶赴舟曲灾区，进行心理疏导服务。9日凌晨5时，民政部向甘肃省灾区组织调运的第3批中央救灾物资1万件棉大衣、2400张折叠床、2000顶12m²的帐篷从陕西省西安市向灾区起运，用于解决灾后通信不畅的应急通信保障车也陆续进入城区开始工作。9日8时18分，兰州军区工兵部队对舟曲堰塞湖阻水的瓦厂桥实施第一次爆破。随后，武警水电部队进行机械开挖，现场观测，堰塞湖下泄流量约为95m³/s。9时34分，工兵部队进行第二次爆破，除险工作仍在进行中。

8月9日，中国红十字会总会向甘肃舟曲泥石流灾区派出救灾工作组，并再次调拨100万元救灾款，用于舟曲灾区食品、饮用水等急需物资的采购，同时调拨价值40余万元的1600个家庭包至灾区。中国红十字会总会8日已从成都备灾救灾中心紧急调拨价值32万元的400个家庭包和2000床棉被至舟曲灾区，预计10日早上到达。家庭包里有日常生活需要的衣物、薄被、餐具、洗漱用品等。舟曲泥石流灾情发生后，甘肃省红十字会第一时间启动Ⅱ级应急响应预案，派出救灾组赶赴灾区，并紧急调拨价值约40万元的紧急救援物资运抵灾区。

点评：

舟曲特大山洪泥石流在山洪灾害防治历程中具有里程碑标志意义的事件，开启了山洪灾害防治元年。2010年7月，国务院常务会议决定："加快实施山洪灾害防治规划，加强监测预警系统建设，建立基层防御组织体系，提高山洪灾害防御能力。"2010年10月，国务院印发了《国务院关于切实加强中小河流治理和山洪地质灾害防治的若干意见》（国发〔2010〕31号）。由此，山洪灾害防治项目从最初的规划期转向建设期，山洪灾害防治项目在全国范围内全面展开，意义非常重大。

（1）舟曲"2010·8·8"特大型山洪泥石流灾害既不是单纯的山洪灾害（以水流为主），也不是单纯的泥石流灾害（以泥石涌动为主），而是既有山洪的快速运动气势，又有泥石流的巨大摧毁能力，是在特殊地质地貌和丰富物质积累背景下，耦合局地超强降雨形成的一起以自然因素引发为主的特大灾难。

（2）舟曲特大山洪泥石流灾害的形成因素包括：一是地质地貌原因。舟曲是全国滑坡、泥石流、地震三大地质灾害多发区。舟曲一带是秦岭西部的褶皱带，山体分化、破碎严重，大部分属于是炭灰夹杂的土质，非常容易形成地质灾害。二是"5·12"汶川大地震震松了山体。舟曲是"5·12"汶川大地震的重灾区之一，地震导致舟曲的山体松动，极易垮塌，而山体要恢复到震前水平至少需要3～5年时间。三是气象原因。国内大部分地方遭遇严重干旱，这使岩体、土体收缩，裂缝暴露出来，遇到强降雨，雨水容易进入山缝隙，形成地质灾害。四是瞬时的暴雨和强降雨。由于岩体产生裂缝，瞬时的暴雨和强降雨深入岩体深部，导致岩体崩塌、滑坡，形成泥石流。五是灾害隐蔽性、突发性、破坏性强。2010年国内发生的地质灾害有1/3是监控点以外发生的，隐蔽性很强，难以排查出来，一旦成灾将造成较大损失。

（3）舟曲特大山洪泥石流灾害是1949年以来单次造成人员死亡最大的灾害，2010年8月14日10时，中国国务院宣布8月15日为全国哀悼日。灾害发生后，三眼峪、罗家峪已经修建高标准的拦挡坝和排导渠，展开了大规模的重建工作，使舟曲的发展至少向前推进了50年。

资料来源：

刘传正. 甘肃舟曲2010年8月8日特大山洪泥石流灾害的基本特征及成因 [J]. 地质通报，2011，30 (1)：141-150.

赵映东. 舟曲特大山洪泥石流灾害成因分析 [J]. 水文，2012，32 (1)：88-91.

5.3 四川绵竹市"2010·8·13"山洪泥石流灾害

2010年8月12日23时至13日凌晨2时许，四川省绵竹市清平乡发生特大暴雨，观测记录显示小岗剑附近降雨量超过227mm。暴雨导致清平乡文家沟一带发生特大山洪泥石流，形成的堆积堰塞体堵塞了老清平大桥，致使绵远河堵塞、河水改道。堆积体长约3000m，宽100～500m，深5～30m，约700万 m³。此次山洪泥石流过程给清平乡带来严重的灾害，全乡受灾人口5000余人，因灾死亡7人，失踪7人，大量民房及基础公共设施因灾被水淹或受损，绵远河上两座桥梁被冲毁，清平乡通往外面的交通、通信中断[16,17]。

5.3.1 雨情

8月12日18时左右，清平乡开始降雨，22时30分至13日凌晨1时30分左右，降雨演变为大到暴雨，13日凌晨4时左右停止。据清平乡雨量站监测结果表明，此次降雨过程总降雨量达227mm。12日23时45分左右，文家沟、走马岭沟暴发泥石流。13日凌晨1时左右文家沟内大方量的泥石流整体涌出，泥石流瞬间抵达绵远河对岸，随即又折返回来形成堆积坝，堵塞绵远河形成堰塞湖。后续的富含泥沙和碎块石的山洪泥石流逐渐漫过堆积坝流向下游，将场镇上游新建的幸福大桥冲垮，整体向前推移至下游的老大桥，新桥桥面与老桥紧密贴合，致使桥洞大面积堵塞，形成"拦挡坝"。13日凌晨2时30分山洪泥石流改道漫流进入左侧的清平乡场镇，淹没了清平乡场镇上的学校、加油站及部分安置房。

5.3.2 泥石流基本情况

泥石流形成的堆积扇上最大石块长3m、宽2.5m、高1.6m，其他直径超过1.5m的巨石在沟口堆积扇上分布有20余个，见图5.1。文家沟泥石流过程持续约4h，不仅在沟口淤积大量堆积物，完全堵断绵远河主河，冲出泥石流总量高达429.3万 m³，见表5.3。

表5.3　　　　　　　　　　"2010·8·13"特大泥石流总量计算

沟口堆积物			主河堆积物			堆积物总量 /万 m³
面积/万 m²	厚度/m	量/万 m³	面积/万 m²	厚度/m	量/万 m³	
3	4.5	13.5	69.3	6	415.8	429.3

泥石流在走马岭沟、罗家沟、娃娃沟和文家沟口以下形成700万 m³ 左右大体量堆积，其中文家沟口形成半径为400～500m长的堆积扇，淤积厚度2～15m，壅塞河道，造

成棋盘村大量民房、街道淤积。沟口以上绵远河水位抬升 1～2m，形成回水区。山洪泥石流堆积物使文家沟沟口以下河道主流向右转移，淘刷并冲破右岸堤防，在居民区中穿行。民房被泥沙掩埋或充填，但未被冲倒，右岸机耕道路基局部被急流淘刷悬空。山洪泥石流沿左岸扇形推进，自幸福桥左岸端头起至清平老桥左岸端头，越过防洪堤，形成 2～6m 高的严重淤积，民房、清平乡小学校及其他公用设施损毁严重。同时，泥石流堆积作用打乱绵远河道主流流态，部分河段因河底淤高，水流比降达 2‰～3‰，洪水流速达 5～7m/s。

图 5.1　清平乡"2010 · 8 · 13"特大泥石流灾害分布

5.3.3　灾情

此次特大山洪泥石流灾害使全乡 5000 余人遭受不同程度灾害，造成 7 人遇难，7 人失踪，33 人受伤。泥石流灾害大范围损毁和掩埋了清平乡场镇，造成 379 户房屋受损，占总户数的 20.9%，直接经济损失达 6 亿元左右。

5.3.4　防御过程

"5 · 12"汶川特大地震发生后，四川省 39 个地震重灾县的山洪灾害防治及防汛预警项目建设均列入灾后恢复重建项目，其中绵竹市在山区堰塞湖、地质灾害易发点、各条河道标志性点位兴建的 14 处自动雨量站、19 处自动水位站、2 处人工水位站相继投入运行。此次灾害过程中，山洪灾害监测预警系统为各级防汛部门掌握降雨情况、发布预警、提前转移受威胁群众赢得了宝贵的时间，确保人民生命财产安全。

8月12日16时30分左右，系统监测到清平乡等地开始降雨，22时雨势加大，系统发出预警信息。收到预警后，绵竹市防办第一时间利用网络、电话、手机短信等方式将预警传到清平乡政府。清平乡立即启动防汛预案，汛前已安排好的115处地质灾害隐患点的安全监控员全部到位，并根据预警信息开始挨家挨户通知，按照预案确定的逃生路线和转移安置点有序转移。通过提前预报、科学预警、有序组织，清平乡在距离泥石流大面积暴发前1个多h，成功转移5400余名群众，有效避免了人员伤亡。

点评：

四川省是我国山洪泥石流灾害最为严重的区域。据不完全统计，四川省有灾害记录的山洪沟914条次，易发滑坡点514处，泥石流沟3268条。四川省山洪泥石流灾害易发区国土面积42.76万km²，总人口7289.57万人，农村人口占80.4%。受"5·12"汶川大地震影响，大部山体松动、岩石破碎，为山洪泥石流灾害的发生创造了条件。从水利的角度研究泥石流灾害的洪水特征，发现整个山洪泥石流灾害在物理过程上呈现出"淤""冲""卡""涝"的特征。

此次强降雨是"2010·8·13"特大泥石流形成的激发和驱动因素。文家沟是震后新增的泥石流沟，震前近百年来没有发生过泥石流。在"2010·8·13"强降雨作用下，洪水不断冲刷滑坡——碎屑流堆积体，并最终形成泥石流。

此次特大泥石流灾害级联效应的结果。震后相关部门在流域内修建的19座谷坊和1座拦挡坝，在泥石流形成过程中，不但没能有效地阻止泥石流，相反却起到了堵塞坝的作用。上游防治工程堵溃后，大大增加了泥石流的峰值流量，直接导致下游防治工程溃决，形成级联效应，最终形成特大规模的泥石流。

内外洪叠加进一步加剧了灾害。山洪泥石流冲毁幸福大桥，桥面在老清平大桥处形成淤堵，过水不畅，并进一步加剧以上河段的淤积。受"5·12"汶川大地震影响，绵远河老平大桥下段的堰塞体堆积使河道底高程超过左岸幸福家园地面高程1~2m，此次灾害过程幸福家园内涝无法及时外排，同时绵远河的洪水冲毁护岸堤，内涝与外洪叠加，幸福家园地段内涝严重。

资料来源：

游勇，陈兴长，柳金峰.四川绵竹青平乡文家沟"8·13"特大泥石流灾害［J］.灾害学，2011，26（4）：68-72.

孙京东，万金红，张葆蔚，马建明，李云鹏.四川绵竹"8·13"山洪泥石流灾害调查［J］.人民珠江，2015，36（1）：20-24.

5.4 湖南临湘市"2011·6·10"特大山洪泥石流灾害

2011年6月9—10日，湖南省临湘市遭遇300年一遇特大暴雨袭击，平均降雨量达220mm，引发临湘市詹桥镇特大暴雨山洪泥石流灾害，造成28人死亡、6人失踪，财产损失达9.53亿元[18]。

5.4.1　雨情

历史罕见的特大暴雨是造成灾害的直接原因。2011 年 6 月，临湘市出现了 1949 年以来最严重的旱情，导致土壤非常疏松。6 月 9 日 23 时开始，临湘市出现强降雨过程，强降雨首先发生在北部的坦渡、羊楼司、文白等乡镇，坦渡乡的胜龙站最大 1h 降雨量为103.5mm，单站降雨量都超过了 200mm。10 日 0 时开始强降雨由北向南推进，在大云山南北两侧形成了降雨中心，大云山山脚的贺畈雨量站实测降雨量为 273.2mm，最大 6h降雨量为 247.2mm，最大 1h 降雨量达 89mm，为 300 年一遇特大暴雨。观山村、云山村处于迎雨坡，在突遇短时集中强降雨时，雨水沿缝隙渗入，使得松散的岩体迅速饱和，力学强度降低，形成山洪泥石流地质灾害。

（1）暴雨来势突然，强度大，持续时间短。此次暴雨过程降雨起始时间为 6 月 10 日0 时左右，1h 降雨强度最大的时段为 10 日 0—1 时，3h 降雨强度最大的时段为 0—3 时，6h 降雨强度最大的时段为 0—6 时，整个暴雨过程历时 6h 左右，6h 最大降雨量的重现期达到 300 年。

（2）暴雨中心十分明显，受地形影响较大。大云山山脉南北两侧均发生了 200mm 以上的强降雨过程，观山村所处大云山北坡为迎雨坡，最大降雨量为 301mm。

（3）暴雨分布集中。暴雨中心范围内各站点 6h 降雨量均在 200mm 以上，详见表 5.4。

表 5.4　　　　　湖南省临湘市"2011·6·10"暴雨频率分析

站名	最大 1h			最大 3h			最大 6h			日雨量/mm
	降雨量/mm	起止时间	重现期/a	降雨量/mm	起止时间	重现期/a	降雨量/mm	起止时间	重现期/a	
毛田	62.0	9 日 2—3 时	100	139.0	9 日 1—4 时	100	210.0	10 日 0—6 时	200	210.5
月田	80.5	9 日 2—3 时	100	172.0	9 日 2—5 时	接近 100	207.5	10 日 0—6 时	200	212.5
相思	59.9	9 日 2—3 时	100	163.7	10 日 2—5 时	100	270.2	10 日 0—6 时	300	273.1
贺畈	89.0	9 日 0—1 时	100	163.5	10 日 0—3 时	100	247.2	10 日 0—6 时	300	273.2

5.4.2　水情

在 300 年一遇降雨条件下，对泥石流出口位置石庙处泥石流峰值流量，利用形态调查法所得计算结果为 246.6m³/s，雨洪法计算结果为 252.1m³/s，结果基本一致，符合程度较高。综合分析，确定该沟泥石流峰值流量为 249.4m³/s。

5.4.3　与 2015 年的灾情对比

2011 年 6 月 9—10 日的暴雨导致詹桥镇 28 人死亡、6 人失踪，而 2015 年 6 月 1 日的特大暴雨，暴雨中心临湘市龙源站 3h 降雨量为 180.5mm，降雨重现期接近 200 年一遇，导致羊楼司镇境内龙溪港流域山洪暴发，仅造成 5 人死亡、2 人失踪，沿岸多处山体滑坡、岸坡损毁，倒塌房屋 281 户，损坏 502 户，过水 5078 户，冲毁河道 12km、桥梁涵洞

161 座、道路 89.1km，塌方 26.9 万 m³，损毁堰坝 32 座。

临湘市防汛部门依托已建成的山洪灾害监测预警系统，密切关注雨水情变化，及时发布预警信息，乡村各级防汛责任人收到预警信息后，通过喇叭、铜锣、口哨等发布信号，及时组织转移受山洪灾害威胁的群众，最大限度确保了人民生命财产安全。6月2日凌晨1时多，收到预警信息的村支书带人转移，村委会主任鸣锣呼喊，3h 内 9 名镇村干部挨家挨户敲门，转移村民 400 余名。据统计，全市 117 个山洪预警广播共发布预警通知及信息 702 条次。其中羊楼司镇 16 个预警广播，发布预警通知及信息 96 条次，当晚转移 8000 余人；忠防镇木形村 7 个预警广播，发布预警通知及信息 21 条次，当晚转移 300 人。

点评：

湖南临湘市 2011 年和 2015 年两起灾害，暴雨强度和频率相似，但结果截然不同，充分说明了山洪灾害防治非工程措施发挥了巨大效益，面对超强降雨，群测群防是减少人员伤亡的最大"法宝"，可谓"监测预警立大功，今昔灾害两重天"!

资料来源：
熊见红，王琪. 临湘市詹桥镇"6·10"特大泥石流调查研究. 2011.

5.5 甘肃岷县"2012·5·10"山洪灾害

岷县地处陇中黄土高原、甘南草原和陇南山地接壤区，地域东西狭长，分属黄河流域洮河水系和渭河水系，总面积为 3578km²，辖 18 个乡镇、310 个行政村，总人口 48.4 万人。全县总耕地 62.7 万亩，人均耕地 1.3 亩。境内海拔 2040～3754m，年平均气温 5.7℃，降水量约 600mm。

5.5.1 雨情

受冷空气影响，2012 年 5 月 10—11 日，甘肃西南部发生了一次局地强降水过程，暴雨主要集中在岷县茶埠、麻子川、闾井等地，降雨主要历时为 10 日 17—23 时。据岷县山洪灾害监测预警系统数据统计，麻子川乡上沟村 1h 降雨量达 65.4mm，6h 降雨量达 94.0mm，为本次降雨量最大值；有 7 处监测点 1h 降雨量大于 30mm，4 处监测点 6h 降雨量大于 60mm，8 处监测点 6h 降雨量大于 40mm。岷县主要监测站点降雨情况见表 5.5。

表 5.5　　　　　　　　　　　　岷县主要监测站点降雨情况

站名	所属流域	10min 降雨量 /mm	30min 降雨量 /mm	60min 降雨量 /mm	6h 降雨量 /mm
茶埠站	纳纳河	20.8	39	41.2	57.2
谈河站	耳阳河	21.6	50.4	56.8	88.4
石家台站	纳纳河	21.6	42.2	48.2	68.6

续表

站名	所属流域	10min 降雨量 /mm	30min 降雨量 /mm	60min 降雨量 /mm	6h 降雨量 /mm
青土站	申都河	25	47.2	47.8	
桦林沟站	桦林沟	4.6	7.2	10.2	30.2
骆驼背后站	申都河	6	15	21.4	41
下马营口站	申都河	6.4	18.2	24	43.2
麻子站	闾井河	6.4	12.4	18.6	31.8
八郎站	闾井河	6.4	11.2	18	31.8
大庄站	闾井河	24.2	45	48	60.4
上沟站	迭藏河	20.8	55	65.6	94.2
麻子川站	迭藏河	19.2	35.6	40	41.2

据气象部门自动监测站统计，麻子川过程降雨量为 69.2mm，为全县最大；清水、梅川、茶埠、维新、西寨、中寨、闾井 7 个乡镇监测点降雨量为 21.0~36.4mm。

本次暴雨过程时间短、强度大、突发性强。麻子乡上沟村 1h 和 6h 降雨量为多年均值的 2.8 倍和 2.9 倍；从岷县气象站点监测数据来看，本次 1h 降雨量为 33.2mm，6h 降雨量为 48.2mm。经 1958 年以来实测数据频率计算，1h 和 6h 降雨量约为 50 年一遇暴雨。经与岷县气象站点长系列监测资料对比分析，本次降雨高值区的耳阳河与纳纳河的上游区域 1h 降雨量约为 100 年一遇暴雨，申都河与闾井河的上游区域 1h 降雨量约为 75 年一遇暴雨。

5.5.2　水情

本次强降雨诱发了茶埠镇、麻子川乡、闾井镇、申都乡等乡镇多条沟道山洪暴发，主要位于纳纳河、耳阳河，以及申都河、闾井河等中小河流。岷县主要河流"2012·5·10"洪水调查成果见表 5.6。

表 5.6　　　　　　　　岷县主要河流"2012·5·10"洪水调查成果

河名	调查河段	面积 /km²	河流长度 /km	洪峰水位 /m	洪水时间（时：分）			洪峰流量 /(m³/s)	重现期 /a
					起涨	洪峰	落平		
纳纳河	吉纳段	286	28.3	2298.10	18：00	19：00	21：00	421	100
耳阳河	堡子段	58.4	19.3	2273.40	17：50	18：00	21：00	475	150
纳纳河入洮河口		344.4	28.8		17：50	18：50	21：00	540	100
闾井河	联合村	204	16.8	2504.88	17：50	18：10	20：30	256	75
申都河	砖塔寨	170	21.5	2446.00	17：00	17：30	20：00	226	75
申都河汇入闾井河后		374	35.3		17：00	17：50	21：30	322	75

5.5.3　灾情

据统计，截至 5 月 14 日 16 时，甘肃省岷县共有 9 个乡镇供电、通信一度中断，74

所学校受损严重，死亡 47 人，失踪 12 人，倒塌房屋 1.94 万间，直接经济损失 68.4 亿元，其中水利设施损失 2.78 亿元，主要包括损毁防洪堤 53.7km、灌溉渠道 72.4km、沟道淤积 349km、防洪预警站 31 处、农村供水工程 88 处，造成 12.28 万人农村人口饮水困难。

从现场查勘看，岷县大部分村镇群众居住在山洪沟冲积扇面和河道两岸。由于山洪裹挟大量砂石，集中汇入河流沟道，致使部分河段河道淤积，水位迅猛上涨并漫向河道两岸，房屋淹没水深 1～2.5m，造成沿岸大量居民房屋倒塌。禾驮乡禾驮村附近的纳纳河在山洪过程中受正在建设的集贸市场阻拦，使河水改道，直接从禾驮村中冲过；蒲麻镇砖塔寨村和红崖村位于申都河和间井河的河口交汇处，水位陡涨，现场查看水位痕迹线比正常水位高出 6m；茶埠镇沟门村位于耳阳河河口，洪水受沟门村口桥梁阻挡后入村，造成了大量房屋倒塌。经核查，在岷县因灾死亡的 47 人中，被山洪泥石流冲淹死亡 40 人，因山洪冲垮房屋、桥梁死亡 7 人。

5.5.4 防御过程

5 月 10 日上午 10 时 30 分，岷县防汛办接到定西市防汛办转发的甘肃省抗旱防汛办《关于做好强降雨防范工作的通知》（甘旱汛办发电〔2012〕8 号）后，于 10 时 35 分及时向各乡镇、洮河各水电站、兰渝铁路建设指挥部传发了明电通知。16 时 30 分，岷县防汛办接到县政府办"气象预测预报，今天夜间到后天白天，我县有中雨，局部地方有暴雨，请做好防汛工作"的电话通知后，于 16 时 40 分及时向各乡镇、住建局、教体局、洮河各水电站、兰渝铁路建设指挥部等单位，电话通知了雨情预测预报及相关措施要求。

接到灾害性天气信息和预警信息，乡镇、村等基层防汛责任人员和监测预警人员立即上岗到位，落实监测预警措施，采用各种方式发送预警信息，组织转移危险区群众，全力组织开展了防灾减灾工作。蒲麻镇接到岷县防办通知后，立即将天气预测预报信息电话通知到所辖村。红崖村支书张俊才迅速组织村社干部入户通知天气预报，要求群众做好防范工作；降雨过程中，镇干部包平等 4 人通过敲锣、喊话等方式，通知和组织转移危险区人员。砖塔寨村主任组织村社干部入户通报天气预测预报信息，要求群众强降雨时立即沿堡子山转移到山上安全农户家。禾驮乡哈地哈村包永平利用项目分发的铜锣和手持喇叭及时通知群众转移，全村 928 人全部转移，无一伤亡。间井镇大庄村书记马云珍接到预警信息后，及时广播通知群众，组织紧急转移威胁区群众 150 名。

据调查统计，通过县防办、乡镇提前通报雨情信息，自动、简易雨量站监测雨情信息，各级防汛责任人、预警发布人员第一时间利用广播、铜锣或入户通知等方式，及时撤离转移危险区群众，在全县发生特大冰雹山洪泥石流灾害情况下，全县共安全撤离转移群众 2.93 万人，有效减少了人员伤亡。

点评：

受特殊地形地貌的影响，甘肃省岷县是山洪灾害频发的区域之一，一旦遇到强降雨，发生冰雹、泥石流、山洪灾害概率大，本次调研是全国山洪灾害防治项目组成立之初首次开展的灾害实地调研，为评估山洪灾害防治非工程措施效益发挥情况、制订督查检查方案提供了重要参考。

（1）山洪灾害防治非工程措施项目发挥了重大防灾减灾作用。

岷县最大 1h 降雨量发生频率为 75～100 年一遇，超过该地区历史观测的最大值。在岷县暴雨区，山洪灾害防治非工程措施项目建设的雨水情监测站网有 74 处正常工作，实现了暴雨区的基本覆盖；大部分无线预警广播、简易预警设备（铜锣、手摇警报器）也发挥了应有作用。在县防办、乡镇通报雨情信息后，通过非工程措施项目建立的责任制体系发挥了重要作用，各级防汛责任人、预警发布人员第一时间利用广播、铜锣或入户通知等方式，及时撤离转移危险区群众，全县共紧急撤离转移群众 2.93 万人，在山洪泥石流造成倒塌房屋 19445 间的严重情况下，有效减少了人员伤亡。

（2）岷县山洪灾害防治非工程措施项目有待进一步完善。

岷县"2012·5·10"暴雨历时短、强度大，山洪突发、洪水流量大，预警、响应时间十分有限，加之暴雨发生时，相当部分群众在村外劳动或返回途中，未能及时获知预警信息等原因；此外有些房屋侵占河道、阻碍行洪（如禾驮乡禾驮村集贸市场建立在纳纳河河床上），山洪造成了严重人员伤亡。岷县山洪灾害监测预警系统还需要进一步完善，以期在将来的山洪灾害防御中发挥更大的防灾减灾效益。

资料来源：

综合中国水利水电科学研究院减灾中心《甘肃省岷县山洪灾害防治非工程措施项目调研报告》《防汛抗旱简报》等内容。

5.6　北京市房山区"2012·7·21"山洪灾害

2012 年 7 月 21 日，北京市房山区遭受 1949 年以来最大一场暴雨山洪泥石流灾害。北京市供水、供电、地铁等基础设施运行基本正常，水利设施未发生垮坝、倒闸等险情，山区人民群众及时有效转移，将损失降到了最低[19]。

5.6.1　雨情

7 月 21 日 9 时至 22 日 4 时，北京市平均降雨量为 170mm，为 1949 年以来最大降雨，城区平均降雨量为 215mm，暴雨中心房山区河北镇日降雨量为 541mm，降雨频率达 500年一遇。房山、北京城近郊区、平谷和顺义平均降雨量均在 200mm 以上，降雨量超过100mm 的覆盖面积为 1.42 万 km^2，占全市总面积的 86％，全市超过 1/6 的地区 1h 降雨量达 70mm 以上。

此次北京特大暴雨过程大致可分为两个阶段，第 1 个阶段发生在 21 日 10—20 时，其主要特点是短时、雨强大、强度变化波动显著等；第 2 个阶段发生在 21 日 20 时至 22 日 4时，降水逐渐平缓，雨强显著减小，该时段降水表现为锋面降水特征。以门头沟站为例，该站 21 日 13—14 时雨强最大，达 54.7mm/h，之后雨强略有减弱，3h 后雨强又达51.2mm/h，中尺度对流系统活动特征；20 时后降水逐渐减少，主要表现为锋面降水特征。

由上述分析可见,此次特大暴雨具有雨量大、雨势强、范围广的特点,在北京历史上极为罕见。

(1) 累积降雨量大。全市平均降雨量为170mm,城区平均降雨量为215mm,全市最大降雨出现在房山区河北镇,气象观测数据为460mm,水文观测数据为541mm,城区最大降雨出现在石景山区模式口,降雨量为328mm(气象站)。

(2) 强降雨历时长。1h降雨量普遍达40~80mm,持续时间3~4h,最大雨强出现在平谷挂甲峪,1h降雨量达100.3mm(21日20—21时)。

(3) 强降雨范围广。这次强降雨范围覆盖面积大,除西北部的延庆外,北京均出现了100mm以上的大暴雨,占全市总面积的86%以上。从区域分布来看,本次降雨过程房山区最大,平均降雨量达301mm,半数以上站点超过100年一遇;延庆县降雨量较小,为69mm。

5.6.2 水情

强降雨引发北京市多条河流发生洪水。房山区拒马河洪峰流量为2570m³/s,大石河洪峰流量为1110m³/s,均为1963年以来最大洪水;北运河拦河闸洪峰流量为1200m³/s,通过分洪闸向潮白河分洪流量达450m³/s,为新中国成立以来实测最大洪水。

房山区丁家洼河、夹括河、周口店河、小哑巴河、刺猬河,门头沟区黑河沟、中门寺沟、西峰寺沟,平谷区镇罗营石河、黄松峪石河等郊区中小河道出现了较大洪水;房山区城关、良乡、坨里、韩村河、周口店、河北镇等地区因暴雨暴发山洪,平均水深在1m以上;人民渠、马草河、丰草河、旱河、坝河、亮马河等城近郊区主要河道河水满槽或漫溢,接近20年一遇洪水标准。

5.6.3 灾情

北京"2012·7·21"特大暴雨降雨总量之多、强降雨历时之长、强降雨覆盖范围之广、局部山洪之巨历史罕见,严重影响了城市正常运行,给人民生命财产带来严重损失,共造成79人死亡(大部分因山洪灾害死亡)。截至7月28日,全市受灾人口119.28万人,紧急转移8.69万人,农作物受灾面积81.2万亩,倒塌房屋1.19万间,房屋进水10.21万间,房屋漏雨6.29万间,机动车被淹4万余辆,房山等重灾区交通、供电、通信发生中断,直接经济损失达118.35亿元。

5.6.4 防御过程

灾害发生后,北京市各部门迅速行动、全面部署,领导一线指挥,调动社会各界各方面力量,全力做好灾害监测预警和安置受灾群众工作。

(1) 组织领导。按照北京市委、市政府的统一安排和部署,市、区、街道(乡镇)、社区等各级干部,特别是党员干部迅速投入应急抢险工作。按照市委、市政府统一部署,及时成立了由相关部门组成的"7·21"特大自然灾害善后工作领导小组,统筹谋划灾后群众生活安置和灾后恢复重建工作。

（2）提前部署。20 日，北京市防汛指挥部发出紧急通知，要求各区（县）、单位加强值班，提前部署，切实做好强降雨应对工作。同时，通过电台、电视台、网站提醒市民做好强降雨防范。

（3）及时预警。21 日 9 时 35 分，北京市防汛指挥部发布汛情戒备预警，各级防汛指挥部领导和值守人员全部上岗到位，各专业抢险队伍全部提前布控到位；11 时发布汛情蓝色预警，15 时 50 分升级为汛情黄色预警，19 时再次升级为汛情橙色预警，要求各单位启动 II 级应急响应。

（4）统一指挥，分类指导。面对严峻的防汛形势，北京市防汛指挥部先后召开工作部署会 10 余次，发出紧急通知 30 余份，全面部署强降雨应对和抢险救灾工作。针对不同区域的险情特点，分别对山洪泥石流防御、排水抢险、河道水库调度等提出具体要求。雨前派出 4 组专项督察组，对山区泥石流、中小河道、在建工程、危旧房屋等重点部位进行专项督查；雨中紧急派出工作组赶赴房山区河北镇、拒马河等重灾区，一线指导地方政府做好群众转移和抗灾自救工作；灾情发生后，迅速组织 16 个督导组分赴各区（县）监督落实防汛责任，指导救灾工作，并派出技术专家组赶赴京港澳高速南岗洼铁路桥积水路段、房山区国金养殖场等抢险现场，指导应急抢险工作。

（5）科学调度。在北京市防汛指挥部的统一部署下，20 日，城市河湖、北运河等排水河道提前降低运行水位；21 日，永定河三家店拦河闸及时提闸泄洪，城市河湖及时实施南北分洪，凉水河全线敞泄，大大缓解了城区防洪压力；北运河及时开启北关闸，下泄洪水 4055 万 m³，实现城区洪水错峰运行，及时向潮白河分洪 4430 万 m³，减轻了下游天津的行洪压力。针对落坡岭、北台上、大水峪、西峪等水库先后超汛限水位的紧急情况，北京市防汛指挥部果断下达调度令，各水库及时开闸泄洪，降低水位，确保了水库安全运行，保障了下游群众生命财产安全。

（6）突出重点，全力抢险。北京市防汛指挥部在统筹做好全市应急抢险的同时，加强对重灾区和重点险情的保障力度。先后调拨橡皮艇 7 艘、冲锋舟 39 艘、各种水泵 70 台、发电机 9 台、救生衣 1920 件、吸水膨胀麻袋 2.96 万条、编织袋 14.45 万条、铅丝网片 3730 片等价值 1225 万元的防汛物资，用于房山、门头沟等重灾区的抗洪抢险。迅速调集排水集团等城区应急排水队伍支援京港澳高速南岗洼铁路桥积水路段、房山区国金养殖场、丰台区长辛店等重大险情抢险工作，有效排除积水险情。

（7）昼夜值守，参谋决策。北京市防汛指挥部会同市应急办和各区（县）防汛指挥部，24h 开启视频会议系统，及时组织、部署、传达和落实市委、市政府指示；强化气象会商，实时分析雨水情，共生成、发出 430 张雨水情报表，整理汛情数据 5 万余组，第一时间向指挥部主要领导报送汛情快报、通报 83 份，为指挥决策提供有力支撑。

点评：

"2012·7·21" 山洪泥石流灾害（主要在房山区）是对特大城市灾害防御能力的一次"大考"，山洪、内涝各种灾害交替发生，此次灾害人员伤亡主要集中在房山区，主要是由于野三坡和十渡景区游客和车辆被山洪卷入河道溺水而致。房山、门头沟等山区河谷地带由于工程防灾设防标准低，建在河漫滩的公共、旅游等设施，过分靠近主河道或占据河道并影响了行洪，加剧了灾情和放大了水灾风险。暴雨洪涝使桥梁坍塌，道路、河堤、近水码头、拦水坝、停车场、跑马场、文化广场、餐饮等设施被冲毁，游船被冲走，损失非常严重。

（1）山洪灾害防治非工程措施项目发挥了重大防灾减灾作用。

近年来，北京市山区县全面建成山洪灾害监测预警系统，在这次特大暴雨应对中发挥了重要作用，累计启动预警广播728次，发布预警短信1万余条，乡村手摇报警器使用99次。特别是房山区在公网通信中断的情况下，通过防汛专用电台保持了指挥通信畅通，确保群众及时转移，使损失降到最低。

（2）此次灾害防御过程中仍然存在一些问题和不足。

一是强降雨等灾害性天气的预报水平有待提高。灾害性天气的预测预报是做好防御工作的前提，特别是局地、极端天气预报的及时准确发布尤为关键。

二是城乡防汛基础设施保障能力有待提高。防洪排涝工程建设滞后于城乡发展，中小河道防洪标准普遍偏低，部分河道被改道、挤占，行洪能力降低。郊区道路、供电、通信等基础设施的自身防洪保障能力偏低。

三是防汛减灾社会动员能力有待提高。面向公众的预警发布机制尚不健全，覆盖率和时效性难以保证；旅游景区、山区道路、城区下凹式立交桥、低洼地段等重点部位以及流动人员安全管理等防汛安全工作机制有待加强。

四是防汛应急管理和抢险能力有待提高。市、区（县）防汛办公室作为防汛指挥部的常设办事机构，其职能、编制、行政级别和协调能力急待加强。专业抢险队伍数量、装备水平、业务能力等急需提高，防汛物资储备的数量、品种还不能全面满足防汛减灾工作的需要。

五是社会公众的水患意识和避险自救能力有待提高。由于多年干旱，广大群众存在麻痹思想，对暴雨洪水灾害认识不够，防灾意识和避险自救能力不强。

资料来源：

北京市政府防汛抗旱指挥部办公室."7·21"特大自然灾害应对工作总结。

尤焕苓，任国玉，吴方，等.北京"7·21"特大暴雨过程时空特征解析［J］.气象科技，2014，42（5）：856-864.

5.7 安徽黄山市"2013·6·30"山洪泥石流灾害

5.7.1 雨情

2013年6月30日5时起，安徽省黄山市周边地区开始普降暴雨和大暴雨，暴雨中心位于徽州区丰乐水库上游，并蔓延至歙县以及宣城市旌德、绩溪一带，徽州区富溪站210mm、杨村189mm、洽舍站177mm，旌德县江村站190mm。超过50mm降雨笼罩面积为0.90万km²，超过100mm降雨笼罩面积为0.24万km²。暴雨中心丰乐水库上游富溪、杨村站最大1h降雨量分别达92mm、93mm（图5.2），中心点富溪站最大3h、6h降雨量达 173mm、207mm，均超 100 年一遇[20]。

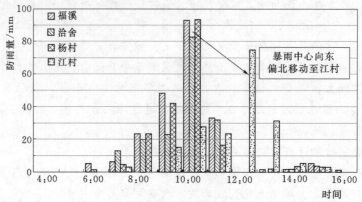

图 5.2　黄山周边"2013·6·30"洪水典型站点最大 1h 降雨量

5.7.2　水情

经过调查，东坑口（流域面积 85.8km²）、篁村（流域面积 17.9km²）、桃源村（流域面积 20.2km²）、呈坎镇（流域面积 26.1km²）河道断面洪峰流量分别为 677m³/s、201m³/s、234m³/s、244m³/s，洪峰模数分别为 7.89m³/(s·km²)、11.2m³/(s·km²)、11.6m³/(s·km²)、9.35m³/(s·km²)，经与《黄山市水文手册》比较，该次洪水典型断面洪峰流量超过 100 年一遇。

暴雨中心下游丰乐水库 30 日 13 时 5 分出现最高水位 205.95m，超汛限水位 4.95m，经反推计算，最大入库洪峰流量为 1450m³/s，仅小于 1991 年 7 月 7 日洪峰流量（1600m³/s），位于建库以来第二位。受丰乐水库泄洪和降雨的共同影响，练江渔梁站水位快速上涨，30 日 14 时水位 114.63m，超过警戒水位 0.13m；18 时 6 分出现洪峰水位 115.89m，超过警戒水位 1.39m，相应流量为 3000m³/s。

5.7.3　灾情

受短历时强降雨影响，杨村乡、洽舍乡、富溪乡、呈坎镇等乡镇出现山体滑坡、道路塌方、堤坝桥梁冲毁、部分房屋倒塌、部分村庄进水等重大灾情，共造成 5 人死亡，转移 12000 余人，呈坎景区 300 余名游客被妥善安置。呈坎镇呈坎村沿河护岸损毁严重，公路多处路面下被水淘空，一座新建的碣坝上游护坝被冲毁，洪水高于路面 50cm，河岸边农田过水，庄稼倒伏。沿着川河河道近 1km 的呈坎镇街道，普遍受淹 1m 以上。始建于明嘉靖年间（约 1542 年），至今 400 多年的古代建筑宝纶阁淹没近 2m，村落一片狼藉。

容溪村小容组居民主要居住在小容溪上游源头，地势陡峭，坡度大多超 60°，很多房屋建在山坳两边，部分房屋跨溪建筑，阻水严重。沿溪两岸护岸冲毁严重，多处河道被砂石淤积。沿河公路大部分临水侧被水淘空，形成悬空"栈道"，沿溪多处房屋被山洪泥石流冲毁，位于小容溪上游源头的大部分房屋被泥石流带来的石块和泥沙淹没，有些被掩埋至屋顶，仅露出马头墙。村落地处河流源头，只有极小的集水面积（两个山坳坡面），一般情况下没有太大的径流（这也是此村落长期存在的原因），村头有约1m宽的小溪，到了村尾就以暗道方式过水，但是该次雨强特别大，山坳发生山体滑坡，几百年老树顺坡而下，水流裹挟石头、树木、泥土贯村而过，破坏力极大，人员若非及时撤离，绝无生还可能。此村落受降水影响，山上多处尚留有明显隙缝，存在滑坡隐患。

桃源河小流域沿线的杨村乡篁村受灾最重，沿河两岸护岸几乎全部受损，公路路面下大半被水淘空，沿岸房屋绝大部分进水，篁村村委会4层大楼等几处建在山洪沟口（山村地基紧张）的房屋一层完全被顺沟下来的山洪泥石流淹埋。据村民介绍，7时开始下雨，9—10时雨强最大（和雨量遥测数据较为一致），山洪泥石流过程约2h，水的涨落速度很快，上午9时多涨上路面，约11时洪峰退去，泥石流发生在河流洪峰到来之前，为了躲避洪水，居民向后山转移，但因后山山体滑坡，村民猝不及防。

5.7.4 原因分析

1. 客观原因

（1）自然灾害的不可抗拒性是导致重大灾害的原因。暴雨中心区域6月23日以来持续降水，土壤饱和，超强度降水超越地貌稳定极限，山体滑坡多发重发。

（2）突发性强，避灾不及。虽然河道洪峰一般都在11时左右出现，但是山体滑坡多数是在雨强最大的时候发生（9—10时），在坡地产流环节就出现灾情，避险准备时间严重不足。

（3）地貌陡峭，风险极高。灾情特别典型的小容村，山坳形成的闭合流域的面积坡度达 $2269dm/km^2$，但在这里高密度居住500多人。

（4）下垫面物理特征抗灾能力弱。下垫面土壤物理特征容易承接雨水，表土是砂砾，中下层是分化岩石，松散没有黏性，透水性又极好，容易发生山体滑坡、泥石流等灾害。

2. 主观原因

（1）削坡潜伏隐患。村落所属地域坡度陡，宅基地紧张，建设房舍都是靠山、屋背切坡、房前填筑的山区典型建筑方式特别普遍，踏出门槛即可见前屋瓦顶；或是建房选址不当，在拗口处建设，一旦发生泥石流，即被荡平。

（2）居住地临近的山坡植被相对较差，扰动频繁，主要有茶园、菜园、坡耕地等，小容村现遗留的隐患裂隙出现在耕作的红薯地里。

（3）山区侵占河道甚至跨河道建房的现象突出，多处设置便桥堰埔，导致堵水、阻水严重。呈坎镇因旅游景观需要，1km范围内建了6处拦水坝，不同程度地抬高了水位。

（4）避险意识淡薄。大部分是因为暴雨期间避灾意识不强，劝离未果而导致死亡，还有的是因为在屋前、屋后清障时被山洪泥石流卷走，当事人明显对风险缺乏判断。

黄山这次山洪泥石流灾害发生在6月30日上午9时多，伴随强降雨一起发生，当时有老人听到山上异响，凭直觉预感危机在即，通知村干部（此时通信还未中断），组织大多数村民向山上疏散转移，生死时速，居民转移数分钟后，泥石流就冲毁房屋，但还有2人不幸遇难。该村一位90多岁老人称：从未见过这么大的洪水。

点评：

黄山"2013·6·30"山洪灾害说明：山丘区强降雨导致的山洪灾害不是独自存在的，溪河洪水、泥石流、滑坡等多种灾害并发，各种类型的灾害互相叠加。往往都是房前洪水暴涨，背后山体滑坡，此时唯一逃生方法就是上楼往高处躲避，如果房屋质量不好，人员伤亡的现象在所难免。对于此类隐患点，应提高建设标准和框架结果标准，提升避险能力，有条件的地方重新选址。

从这次典型突发性山洪灾害避灾经验来看，让群众了解防范和避险常识（犹如小容村老人的直觉），增强防范和避险意识，是成功避险的关键。这次洪水淹没的村落，应在路边醒目的地方，建立永久警示碑，刻画洪水标高线。村落预案应着重细化人员安全撤离方案，找准高危区域，以简单实用为原则。尽快排查山体滑坡隐患，确定高危区域；对悬空路面实施交通管制，对人口密度大的集中村落应该增加撇洪沟等工程措施建设。此次洪灾，房前洪水暴涨，背后山体滑坡，房屋牢固，可以到楼上躲避，故对此类民房建设，宜提高基础与框架结构标准，提升避险能力，有条件直接重新选址。以法律、乡规、民约为约束体系，规避随意跨河建房、建便桥的现象。村民自建小桥，桥墩间距小，洪水期间极易拦阻漂浮物，堵水、阻水、束水严重。这些问题发生一般洪水时并不突出，但如遇到短历时、强降雨天气，势必严重影响洪水下泄，急剧抬升河道水位，加重灾害程度。

资料来源：

胡余忠，章彩霞，张克浅，等. 安徽黄山市"2013·6·30"洪水致灾原因及防治思考 [J]. 中国防汛抗旱，2013，23（5）：14－15.

5.8　四川都江堰"2013·7·10"特大高位滑坡灾害

2013 年 7 月 10 日上午 10 时，四川省都江堰市中兴镇三溪村一组发生了高位山体滑坡，并造成了重大人员伤亡和财产损失。该滑坡呈现高位特征，后缘松散滑坡体向东北方向顺层下滑了 310m 后，剧烈撞击并铲刮对面小山坡，偏转后转化为碎屑流高速下滑约 950m，撞击并铲动了沟道内的浅表层第四系残坡积物，致使沟道内的 11 户村民房屋被掩埋，最终形成了这起地质灾害低易发区的高位山体滑坡-碎屑流灾害[21,22]。滑坡总滑程约 1.26km，总体积超过 150 万 m³。

5.8.1　雨情

强降雨是触发此起滑坡灾害的直接原因，7 月 8 日 8 时至 10 日 8 时，中兴镇三溪村出现了持续强降雨天气过程，都江堰市区累积最大降雨量达 537.4mm，相当于该地区年降雨总量的 44.1%。据 2013 年 7 月 7 日 20 时至 7 月 11 日 10 时全省降雨量统计，累积降雨量 250～500mm 的 184 站，500～1000mm 的 60 站，最大降雨出现在都江堰市幸福镇，降雨量为 1106.9mm，是 1954 年都江堰市有气象记录以来雨量最大的一次。根据都江堰雨量站的观测记录，2013 年 6 月 15 日至 7 月 8 日累积降雨量为 195.81mm，长时间的降雨已经对滑坡造成容重增加、黏聚力和摩擦角降低的影响，最重要的是 9 日 292.1mm、10 日 230.2mm 的特大暴雨（图 5.3）对滑坡的发生起了直接的诱发作用，在前期持续降雨及灾前大暴雨的成灾诱发条件下导致滑坡的发生。

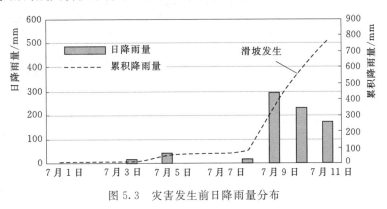

图 5.3　灾害发生前日降雨量分布

离三溪村仅 4km 的雨量站观测记录显示（图 5.4），降雨从 7 月 8 日 21 时开始，较大的降雨强度主要集中在 7 月 9 日 10 时之前，平均降雨强度为 25.3mm/h，最大降雨强度为 46.9mm/h，而 7 月 9 日 10 时至 7 月 10 日灾害发生时，平均降雨强度为 7.9mm/h，到 7 月 10 日 10 时，48h 累积降雨量达 544mm 时发生滑坡。该滑坡主要是随着累积降雨量的增加而失稳，并非降雨强度原因导致。

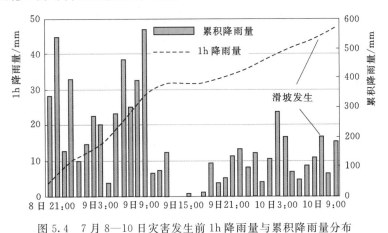

图 5.4　7 月 8—10 日灾害发生前 1h 降雨量与累积降雨量分布

5.8.2　滑坡概况

经测算，三溪村滑坡在出口的启动速度达 24.8m/s，碰撞铲刮到达大字岩北侧沟谷底部的速度为 38.6m/s，到沟谷后部第一户房屋的速度为 39.7m/s，到沟谷中部农家乐的速度为 34.9m/s，到达前缘三溪村一组的速度为 9.9m/s（表 5.7），造成了沟道内 90% 的房屋被毁灭，是一处典型高速滑坡-碎屑流灾害。该滑坡下滑势能很大，经碰撞—铲刮—旋转—粉碎后能量逐渐降低，速度也逐渐变小。一般条件下，人跑步的速度约 5m/s，均低于滑坡-碎屑流的运动速度，在很短时间内将沟道内的 11 户居民建筑彻底摧毁。发生在

2010年6月28日的贵州关岭滑坡到达前缘摧毁房屋时的速度为10.18m/s，与该滑坡到达三溪村一组居民区的速度接近，造成了重大人员伤亡。

表5.7 三溪村1号滑坡碎屑流滑动速度估算

估算编号	滑程估算点	滑程估算点高程/m	后缘到滑程估算点高差/m	后缘到滑程估算点水平距离/m	f	运动速度/(m/s)
①	滑坡剪入口	997	135	345	0.30	24.8
②	铲刮区下部	886	246	567	0.30	38.6
③	沟谷后部第一户房屋	836	296	718	0.30	39.7
④	农家乐	779	753	969	0.30	34.9
⑤	三溪村一组	755	377	1240	0.30	9.9

5.8.3 灾害情况

2013年7月10日10时30分左右，中兴镇三溪村一组一处山体突发特大型高位山体滑坡。经过全力搜救、对滑坡体进行清理，并与村民和寻亲家属反复核实，灾害造成43人遇难，登记的失踪和失去联系人员为118人。

5.8.4 防御情况

中兴镇是此次暴雨灾害的重点受灾区。强降雨发生后，成都市和都江堰市相继发布了暴雨预报和地质灾害气象预警，灾害发生以后，都江堰市迅速启动抢险救灾工作，第一时间在中兴镇上元村成立都江堰"7·10"特大型高位山体滑坡救灾指挥部。在四川省、成都市的统一指挥下，紧急组织1000余人的救援力量，连夜冒雨开展救援工作，都江堰市组织干部对全市防汛抗洪重点区域和地质灾害隐患点开展了应急响应，并对邻山沿河的大批群众进行了劝导转移，先后紧急转移安置共26954人。其中，中兴镇7月9日组织对三溪村一组50余名群众和其他避暑人员实施了转移。7月10日上午，又组织转移60余名三溪村群众和其他人员。

点评：

此次灾害是一次特殊地质和降雨条件下形成的特大型高位山体滑坡引发的重大自然灾害，具有隐蔽性强、突发性高、规模大等特征。由于五里坡植被茂盛，夏季长期有很多外来人员来避暑，许多农家乐业主在灾害中遇难失踪，防御难度极高。

（1）地质灾害坡体由砾岩构成，岩体强度大、外观无裂缝，植被极为茂密，坡体位置高差200余m，此处为非地质灾害隐患点。

（2）此次滑坡点距三溪村一组村民最近房屋相距约500m，有较大的安全距离。但7月8日以来持续特大暴雨形成的坡面地表水大量汇入山体内部的裂缝，在高水头压力推动下，突发高位下滑100余m、平滑50余m的特大型山体滑坡，达到150万m³的规模，致使三溪村一组部分农房被掩埋。

（3）灾害发生时当地一直处于持续特大暴雨状态，受雨情影响和道路阻碍，滑坡瞬间成灾。

资料来源：

四川省防办汇报材料及相关文献。

殷志强，徐永强，赵无忌. 四川都江堰三溪村"7·10"高位山体滑坡研究［J］. 工程地质学报，2014，22（2）：309－318.

杜国梁，张永双，姚鑫，等. 都江堰市五里坡高位滑坡-碎屑流成因机制分析［J］. 岩土力学，2016，37（2）：493－501.

5.9 辽宁清原县"2013·8·16"山洪灾害

清原满族自治县隶属辽宁省抚顺市，位于抚顺市北端，下辖9个镇、5个乡，总人口约33万人，有汉、满、蒙、回、朝鲜等13个民族。清原县境内面积约4000km²，防治区面积为3808.72km²，防治区总人口为26.3万人，受山洪灾害威胁人口为23.22万人，所辖14个乡镇、187个行政村（自然村）均受到山洪灾害威胁，防治区平均降雨量为800mm，历史最大降雨强度为28mm/h。清原县地势东南高、西北低，山地、丘陵、河谷平原、河床沟谷等地貌单元构成了山险水急的地貌景观。清原县是浑河、清河、柴河、柳河四大河流发源地。境内主、支流共有103条，总流长183km，其中浑河境内流长83km，是县境最长的河流。清原县属于中温带大陆性季风气候，夏季多雨、冬季严寒、春季干旱，年降雨量为810.8mm，6～9月为汛期，7月、8月降雨量占全年降雨量的50%，也是暴雨洪水易发时期。自20世纪50年代以来，清原县累计发生暴雨洪涝灾害24次，累计死亡人数17人，累计直接经济损失约21亿元。1995年7月29日清原县遭受暴雨袭击，降雨量为185.2mm，致使15人死亡。2005年8月13日清原县出现强暴雨天气过程，仅2h降雨量达143.6mm，致使全县电力、供水、交通全部中断，全县普遍受灾。

2016年8月15—17日，辽宁省大部分地区普降暴雨或特大暴雨，东部山区突发洪水灾害，导致辽宁省清原满族自治县的14个乡镇、31万人口受灾，通信中断，多处道路被冲毁，房屋损毁严重。

5.9.1 雨情

受蒙古气旋和华北倒槽共同影响，8月15日8时至17日8时，辽宁省普遍降水，全省平均降水量为55.8mm，最大点雨量为抚顺地区北口前站449mm。其中，西部地区（朝阳、锦州、葫芦岛、阜新）平均降水量为22.0mm，中部和北部地区（沈阳、辽阳、鞍山、铁岭、抚顺）平均降水量为96.3mm，东部与南部地区（本溪、丹东、盘锦、营口、大连）平均降水量为42.3mm。抚顺市平均降水量为140.6mm，铁岭市平均降水量为127.5mm。

8月16日傍晚，降雨中心区移至抚顺地区，抚顺地区平均降雨量为140.6mm，浑河大伙房水库以上流域平均降雨量为191.9mm，浑河北口前水文站以上流域平均降雨量为333mm，清原县有4个雨量站降雨量超1000年一遇，2个雨量站降雨量超500年一遇。

全省降雨量大于 300mm 的 6 个雨量站均在清原县，大于 200mm 的 34 个雨量站中有 21 个在清原县，不论是小时降雨强度还是降雨量均为历史极值。

8 月 15 日 8 时至 17 日 8 时，清原县山洪灾害防治非工程措施建设的 13 个自动雨量站和 10 个多要素气象站均正常运行，实测平均降雨量为 178.8mm，其中最大的为红透山村站，降雨量为 414.6mm，降雨超过 400mm 的有 2 个站，300～400mm 的有 1 个站，200～300mm 的有 7 个站，100～200mm 的有 9 个站，100mm 以下的有 4 个站，见表 5.8。

表 5.8　　　　清原县 8 月 16 日 8 时至 17 日 8 时降雨量超 200mm 的测站信息

序号	测站编码	站名	降雨量/mm	站　类	站　址
1	21100050	北口前	425.5	河道水文站	南口前镇
2	21121417	栏木桥	421.5	雨量站（水文）	红透山镇栏木桥村
3	21140461	仓石村	340	雨量站（山洪）	红透山镇苍石村
4	21120862	红透山	331	雨量站（水文）	红透山镇
5	21120892	苍石	321	雨量站（水文）	红透山镇苍石村
6	21120572	黑石木	309.5	雨量站（水文）	北三家乡黑石木
7	21120660	红透山村	306.7	雨量站（山洪）	红透山镇红透山村
8	21120250	观东场	297	雨量站（水文）	湾甸子镇得胜村
9	21103250	四道河子	296	雨量站（水文）	清原镇四道
10	21103270	海阳水库	282	水库水文站	南口前镇海
11	21120772	张家堡	276	雨量站（水文）	南口前镇张家堡村
12	21103200	后楼水库	270	水库水文站	湾甸子镇湾甸子村
13	21120182	龙头	262.5	雨量站（水文）	湾甸子镇龙头村
14	21120642	阿尔当	252	雨量站（水文）	清原镇镇阿尔当村
15	21103240	于家堡子	247	水库水文站	敖家堡乡
16	21120882	六家子	231.5	雨量站（水文）	红透山镇六家子村
17	21120472	清原	228	雨量站（水文）	清原镇城郊林场
18	21103210	二道沟水库	223	水库水文站	湾甸子镇大
19	21140465	暖泉子村	216	雨量站（山洪）	南口前镇暖泉子村
20	21120582	王家堡	215	雨量站（水文）	南口前镇王家堡村

此次受灾最重的南口前镇位于清原满族自治县西部，镇政府驻南口前村，距清原县城 33km，距抚顺市 75km。总面积 334.5km²，辖 13 个行政村、52 个自然屯、两个社区，耕地面积为 31114 亩，其中旱田面积为 26263 亩，水田面积为 4851 亩。有林地面积 32.3 万亩，森林覆盖率达 76.3%。境内除浑河外，还有海阳河、康家堡河等 6 条河流，小型水库（海阳水库）1 座，水资源丰富。

南口前镇辖区内的雨量监测站分别为北口前站（河道水文站）、张家堡站（雨量水文站）、海阳水库站（水库水文站）、暖泉子村站（山洪雨量站）、王家堡村站（雨量水文站），王家堡村站（山洪气象站，利用山洪防治资金建设的 4 要素气象站）。南口前镇总面积为 334.5km²，雨量站建设密度为 66.9km²/站（王家堡 2 个雨量站算作 1 个），在各主要小流域内均建有雨量站，见表 5.9。

表 5.9　　　　　　　南口前镇各雨量站雨量值（8 月 16 日）

序号	站名	站类	场次雨量 /mm	24h 雨量 /mm	所在小流域	超过准备转移指标 时间（时：分）	超过立即转移指标 时间（时：分）
1	北口前站	河道水文站	449	425	浑河干流	13：30	14：00
2	张家堡站	雨量水文站	—	276	张家堡沟	13：30	14：00
3	海阳水库站	水库水文站	—	282	海阳河支流	15：00	15：30
4	暖泉子村站	山洪雨量站	—	234	康家堡河	13：30	14：00
5	王家堡村站	雨量水文站	—	215	王家堡沟	13：20	13：40
6	王家堡村站	山洪气象站	258	234	王家堡沟	13：20	13：40

注　南口前镇准备转移预警指标按 30mm/1h、40mm/3h，立即转移预警指标按 40mm/1h、50mm/3h。

　　其中南口前镇北口前水文站 16 日 11—16 时降雨量为 81.4mm；第一次主要降雨过程是 16—17 时降雨量为 74.6mm，17—18 时降雨量为 60.3mm，2h 累积降雨量为 134.9mm；18—19 时降雨量为 21mm，19—20 时降雨量为 11.2mm，第二次主要降雨过程是 20—21 时降雨量为 96.5mm，21—22 时降雨量为 52.8mm，2h 累积降雨量为 149.3mm；22 时至 17 日 7 时降雨量为 27.7mm；主要降雨过程从 16 日 16 时开始至 22 时降雨量为 316.4mm。主要降雨过程呈现双峰型，见图 5.5。

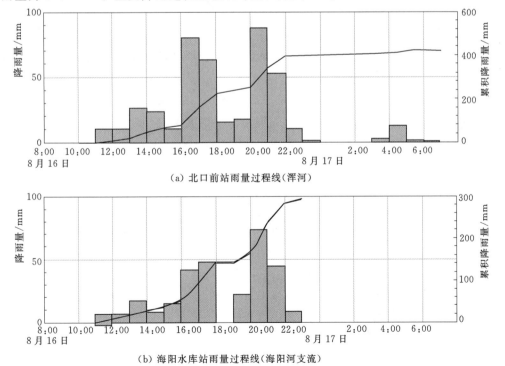

(a) 北口前站雨量过程线（浑河）

(b) 海阳水库站雨量过程线（海阳河支流）

图 5.5（一）　南口前镇各雨量站雨量过程线

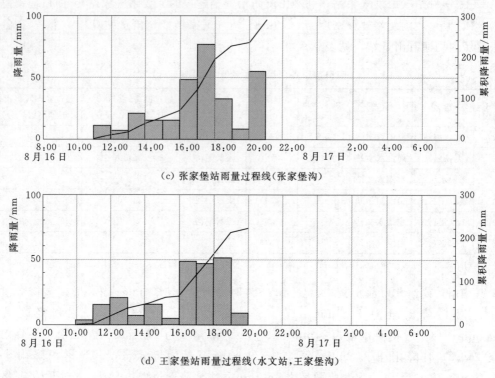

（c）张家堡站雨量过程线（张家堡沟）

（d）王家堡站雨量过程线（水文站，王家堡沟）

图 5.5（二）　南口前镇各雨量站雨量过程线

5.9.2　水情

由于超强降雨，浑河流域内河流洪水暴涨，在短时间内形成巨大洪流，大小河流同时发生大洪水。浑河清原北口前水文站（以上流域面积为 1832km² ）洪峰流量为 6700m³/s，超过 1000 年一遇，为历史极值。8 月 16 日 17 时至 17 日凌晨 2 时，8h 内北口前水文站水位从 171.00m 上升至 177.12m，洪峰流量从 340m³/s 陡增至 6700m³/s，水情涨势迅猛。此次降水的水位、流量均超过 1995 年的历史最高水位 176.12m 和实测最大流量 4670m³/s，见图 5.6 和表 5.10。

表 5.10　　　　　　　　　　　　　　北口前水文站实测水位与洪峰流量

时间	水位/m	流量/（m³/s）	水势
8 月 15 日 20：00	169.74	15.3	平
8 月 16 日 8：00	169.86	25.6	涨
8 月 16 日 14：00	169.94	32.2	涨
8 月 16 日 17：33	171.55	340	涨
8 月 16 日 20：00	174.51	2600	涨
8 月 16 日 21：12	175.81	4600	涨
8 月 16 日 21：15	176.31	5800	涨

续表

时间	水位/m	流量/(m³/s)	水势
8月17日1：00	176.89	6400	涨
8月17日24：8	177.12	6700	平
8月17日4：30	176.87	6100	落
8月17日8：00	175.78	3610	落
8月17日9：55	174.84	2850	落
8月17日14：00	173.88	1330	落
8月17日20：00	172.94	970	落
8月18日8：00	171.92	500	落
8月18日14：00	171.68	405	落

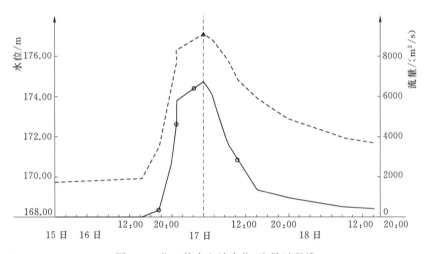

图 5.6 北口前水文站水位-流量过程线

受灾最严重的南口前镇主要受康家堡河、海阳河影响，康家堡河小流域面积约 40.7km²，海阳沟小流域面积约 134.9km²，康家堡河和海阳河在南口前村汇合后流入浑河。根据洪水调查，康家堡河洪峰流量为 670m³/s，海阳河洪峰流量为 1390m³/s，康家堡河和海阳河汇合进入浑河流量为 2060m³/s，洪水调查成果见表 5.11。

表 5.11   "2013·8·16"洪水调查成果

河流	流域面积/km²	洪水调查位置	出现洪峰时间	水面比降/‰	主河槽段糙率	洪峰流量/(m³/s)
浑河	1832	北口前水文站	17日2：28	13	0.026	6700
海阳河	134.9	北口前水文站沿河上游1200m	16日23：00	43	0.02	1390
康家堡河	40.7	北口前水文站沿河上游1500m	16日23：30	45	0.034	670

由于洪水流量大，浑河、海阳河、康家堡河洪水漫溢，根据现场实测，海阳河在洪水调查位置水面宽886m，康家堡河在洪水调查位置水面宽551m。

5.9.3　灾情

　　暴雨洪水造成抚顺等 9 个市 46 个县（区）123 万人受灾，紧急转移安置 21 万人；倒塌房屋 1.16 万间；农作物受灾面积 272 万亩，中断公路 615 条次、铁路 1 条次、供电线路 332 条次、通信线路 393 条次；损毁农村饮水工程 1048 处，造成饮水困难人口达 64.67 万人；损坏堤防 1882km、护岸 1067 处、水闸 215 座、机电井 414 眼、机电泵站 27 座、水文设施 44 个；死亡 77 人，失踪 87 人，造成直接经济损失 100.6 亿元，其中水利工程水毁直接经济损失 30.53 亿元。

　　灾情最严重的抚顺市有 43.6 万人受灾，因灾死亡 77 人，失踪 87 人，紧急转移安置 15.3 万人；倒塌房屋 8457 间。直接经济损失 76.34 亿元。

　　"2013·8·16"山洪灾害死亡失踪人数统计见表 5.12～表 5.14。

表 5.12　　　　　　　　　　　抚顺市死亡失踪人数统计

县名	死亡人数/人	失踪人数/人	县名	死亡人数/人	失踪人数/人
合计	77	87	新宾县	5	2
清原县	71	84	抚顺县	1	1

表 5.13　　　　　　　　　　清原县各乡镇死亡失踪人数统计

乡镇名	死亡人数/人	失踪人数/人	乡镇名	死亡人数/人	失踪人数/人
合计	71	84	红透山镇	4	0
南口前镇	58	84	清原镇	9	0

表 5.14　　　　　　　　　　南口前镇各村庄死亡失踪人数统计

村庄名	死亡人数/人	失踪人数/人	所在流域
合计	58	84	
南口前村	36	52	海阳河　康家堡河
海阳村	7	7	海阳河
暖泉子村	7		康家堡河
张家堡村	3		张家堡沟
康家堡村	2	25	康家堡河
高力屯村	2		海阳河
耿家堡村	1		张家堡沟

5.9.4　典型村灾害调查分析

　　海阳村位于海阳河流域中游，距离下游南口前村约 9km，在"2013·8·16"暴雨洪水中，有 7 人死亡、7 人失踪。海阳村南侧有茨沟和桑树沟山洪沟注入海阳河，其中茨沟汇水面积为 9.1km²，桑树沟汇水面积为 8.1km²。由于茨沟和海阳水库泄洪，洪水汇入海阳河，冲击海阳村和辽宁林业职业技术学院清原分校区（位于海阳镇），房屋倒塌 455 户（其中海阳村总计 735 户），林职院住宅楼严重损毁。海阳水库为小（1）型水库，坝型为黏土心墙坝，最大坝高为 19.65m，最大库容为 128.6 万 m³，溢洪道为开敞式矩形堰，堰顶宽 20m。"2013·8·16"暴雨洪水来临之前，海阳水库已提前泄洪，水位在堰顶以下 4m，"2013·8·16"最高水位在堰顶以上 2.1m，距离坝顶 1.5m。

南口前村位于海阳河和康家堡河汇合处，距离浑河干流约 500m，在"2013·8·16"暴雨洪水中，有 36 人死亡，52 人失踪。全村共倒塌房屋 730 户（南口前村共 2100 户），主要集中在南口前镇主干道靠近海阳河一侧。根据现场调查和访谈，海阳河和康家堡河汇合到南口前村洪峰水位为 8.00～9.00m。南口前村南桥（位于镇政府上游）堵塞，致康家堡河改道，与海阳河一左一右切断了南口前村核心区群众上山避险通道。南口前村北部沈吉铁路铁路桥阻塞，另因浑河水位顶托，康家堡河和海阳河汇合后的洪流无法顺利下泄，壅高了南口前村水位。经现场测量和事后核实，沈吉铁路桥路基标高 176.12m，根据降雨情况和北口前水文站浑河水位变化，16 日 21 时 30 分浑河水位为 176.18m，下泄流量为 4240m³/s；17 日 2 时 48 分浑河水位为 177.12m，下泄流量为 6720m³/s，根据北口前水文站的水位情况初步判断浑河水未倒灌至南口前村。

5.9.5　防御过程

8 月 16 日 8 时至 17 日 8 时，国家山洪灾害监测预警系统共收到 14 个县 81 个乡镇正确上报的预警信息，但降雨强度最大、受灾最严重的清原县未上报预警。清原县山洪灾害监测预警平台于 8 月 16 日 16 时 57 分达到县Ⅰ级预警（立即转移红色预警），8 月 16 日 13 时 45 分南口前镇暖泉子村最近 3h 降雨量为 30.5mm，超过准备转移雨量 0.5mm；王家堡村最近 3h 降雨量超 51.5mm，超过立即转移雨量 1.5mm，南口前镇达到立即转移预警条件。其余的红透山镇、大孤家镇、土口子乡、枸乃甸乡、夏家堡镇、北三家乡、英额门镇、草市镇、湾甸子镇、敖家堡乡、大苏河乡、南山城镇等 12 个乡镇自 11 时 21 分至16 时 3 分也相继产生了立即转移预警。

在转移群众过程中，各地按照山洪灾害防御预案，利用预警无线广播和铜锣等有效方式通知危险区域群众，并按照提前制定的预案进行人员转移。在全县倒塌房屋 3197 间，严重损坏房屋 5136 间，一般损坏房屋 11394 间，过水房屋 46000 间，道路、电力、通信、供水全部中断的严重自然灾害发生前，全县及时组织转移 12.5 万人，避免了更大的人员伤亡。

重灾乡镇之一的敖家堡乡，8 月 16 日中午乡政府在接到清原县防指应急响应后，立即启动防汛应急预案，各重点部门负责人全部到岗、到位，对可能出现的险情逐一排查。各矿、各村有隐患的险段设观察员，勤看、勤测、勤上报，掌握险情的发展，组织乡领导班子、机关干部、村两委成员、矿区负责人、护林员、民兵队伍带头抗洪抢险工作。村干部利用预警广播、铜锣、扩音器等有效手段通知对受威胁的群众进行紧急转移，及时转移7300 余人，临时安置 350 人，确保了当地人民群众的生命安全。

南口前镇北口前村，8 月 16 日 14 时村里接到了镇政府通知做好防汛准备及人员转移的电话，随后镇里的包村干部上岗到位，镇、村干部分组对危险地段进行预警通知，17时，乡镇干部和村干部及党员开始分组将村里近 1000 人转移到了地势较高的高速公路收费站，人员全部安全转移后，暴雨洪水倾泻来袭，20 时左右，村内路面的积水已深达

1.3m，全村倒塌房屋 4 户（总计 410 户）。

北三家乡也是重灾乡镇之一，8 月 16 日下午乡政府召开紧急会议启动应急响应，16 时乡政府干部到村、村干部到组，防汛负责人员全部到岗到位。根据降雨情况，19 时开始组织人员立即转移，22 时将全部危险区域内人员转移安置结束，共转移人口 4000 余人。

点评：

辽宁省清原县这次山洪灾害是我国北方地区死亡人数最多的一次灾害，受到超历史记录暴雨、铁路桥堵塞等不利因素的影响，清原县充分利用山洪灾害监测预警系统和群测群防体系，及时转移群众，既有成功经验，也暴露出若干薄弱环节，从两个村截然相反的案例说明山洪灾害防治非工程措施发挥作用的乡镇人员伤亡较少，群测群防工作重在责任制落实。

（1）清原县山洪灾害防治非工程措施在"2013·8·16"暴雨洪水灾害防御中发挥了重要作用。县级利用山洪灾害监测预警平台实时监测降雨情况并发布预警，敖家堡乡、北三家乡、南口前镇北口前村等乡镇、村组按照群测群防体系的山洪灾害防御预案，利用预警无线广播和铜锣等有效方式通知危险区域群众，并按照提前制定的预案进行了人员转移。全县及时组织转移 12.5 万人，避免了更大的人员伤亡。

（2）清原县山洪灾害防治非工程措施在"2013·8·16"暴雨洪水灾害防御中暴露了若干薄弱环节，主要有：①县级平台未接入辖区内 63 个水文报汛站点信息，出现"灯下黑"的情况；②县平台预警生成后，防汛人员虽然使用山洪灾害监测预警系统实时观测降雨量信息并按照县防指领导要求对各乡镇以电话通知和传真文件的形式发布了预警，但未用平台启动外部预警响应和发送预警短信，致使国家山洪灾害监测预警信息管理系统未能收到预警信息；③南口前镇及有关村庄山洪灾害防御责任体系在应对"2013·8·16"此类超标准暴雨洪水灾害和极端山洪灾害情况下未能充分发挥有效作用，致使人员转移不及时，造成重大伤亡；④南口前镇群测群防宣传、培训、演练组织等工作开展不到位，群众避险意识不强，部分群众对避险线路和地点不清楚。

资料来源：

综合辽宁省水文水资源勘测局提供的《辽宁省 2013 年"8·16"暴雨洪水分析》、辽宁省防汛抗旱指挥部提供的《关于"8·16"暴雨洪水灾害及应对情况的报告》以及中国水利水电科学研究院编制的《辽宁省清原县"8·16"暴雨洪水灾害调查分析报告》等内容。

5.10　湖南安化县"2014·7·16"山洪灾害

2014 年 7 月 16 日，受持续强降雨影响，6 时 20 分至 9 时 30 分，湖南省安化县马路镇溮溪口村四组唐家溪柘溪水库岸边发生山体滑坡，并引发涌浪，导致房屋被掩埋、冲垮，村干部组织群众疏散的船只被掀翻，造成 5 人死亡、6 人失踪、5 人受伤。

5.10.1 雨情

7月14—17日,湖南省安化县发生一轮强降雨过程,全县累积降雨量为222.4mm,降雨主要集中在该县的奎溪、渠江、将军、马路、南金、鼓楼、东坪等乡镇,过程点最大降雨量为该县马路镇陆步溪站的427.2mm。1h、3h、6h、24h降雨量分别达51mm、101mm、142mm、287mm。全县23个乡镇降雨量均在150mm以上,有7个乡镇降雨量在300mm以上,是100年一遇的暴雨,全县175个雨量站的平均值为50年一遇的暴雨。

本轮降雨强度大、范围广、持续时间长,造成溪河洪水陡涨,水库水位陡升。全县89个水库和所有骨干山塘超汛限水位,5座大中型水库相继开闸泄洪。柘溪水库最高水位达168.45m,最大入库流量为9110m³/s,县城东坪、江南、小淹等城镇低洼地段水淹严重。

5.10.2 滑坡概况

据现场观察,该地质灾害类型为滑坡,并由滑坡引发次生灾害涌浪,且涌浪造成的危害性远远超过滑坡本身。滑坡体长约240m、宽约110m、平均厚度约7m,滑坡体积约为123000m³,按滑坡规模等级划分标准应属中型浅层滑坡,按其运动形式划分,属于推移式滑坡。滑坡体成分主要为南华系南沱组冰碛砾岩,从滑坡的物质组成及滑坡类型等特征分析,应属自然岩质滑坡。滑坡的控滑面为层理面,主滑方向为290°。滑坡体下滑堆积于坡体前缘及柘溪水库中,造成85m宽水道全部堵塞。经过初步计算,滑坡体下滑岩土体方量为69000m³,堆积于水库中岩土体方量为56000m³。

5.10.3 灾害发生过程

安化最大滑坡体位于柘溪水库库区的马路镇潺溪口村唐家溪河出口(汇入柘溪水库)处,7月16日6时20分,坡体下滑直接导致下方2栋房屋被掩埋。该村四组组长在组织受威胁的村民转移的同时,将情况迅速报告村支书。9时许,正在九组(距四组4km水路)巡查的村支书自驾小机帆船并带上九组组长赶到现场查看险情,在组织村民转移的过程中山体发生第二次滑坡。滑坡体冲入水库河汊中(水深10多m,水面宽40多m),掀起40多m高的巨浪,将正在组织转移的村支书和1人掩埋,同时将对岸(右岸)50~120m范围内的7栋房屋(距水面15~20m)全部冲毁带入库内。11时左右,滑坡体发生第三次滑坡,此时,剩余62名村民已全部被转移至安全地带。

此轮暴雨山洪灾害,共造成16人死亡、4人失踪,死亡(失踪)人员分属该县马路、东坪、县城南区3个乡镇4个村,其中县城南区铁炉新村死亡3人,东坪镇中砥村安乐六组死亡2人,马路镇潺溪口村死亡10人、失踪2人,马路镇澄坪村七组死亡1人、失踪2人。全县552个村受灾,累计受灾人口达189736户70万人,紧急转移人口3.5万人,安置转移人口9500人,直接经济损失达14.16亿元,损坏房屋12792户15449间,房屋全倒484户2222间。

5.10.4 防御过程

在迎战"2014·7·16"暴雨过程中,安化县通过监测预警平台向防汛责任人发送短信 126 条次，向国家山洪灾害监测预警平台成功上报 65 条预警信息，其中成功接收并显示预警报文 7 条（含马路口镇 2 条）；从 15 日 6 时 54 分开始至 17 日，向各类防汛责任人发送各类预警信息 1036 条次，通知提醒和督促山洪灾害危险区干部群众做好防范，提前转移。从 15 日 7 时 36 分开始至 16 日 11 时，共启动预警广播 691 站次，山洪灾害危险区范围内无人员伤亡。从 15 日开始，该县通过监测预警系统于 6 时 55 分、12 时 58 分、13 时 57 分、14 时 54 分、22 时 22 分先后 5 次向这次地质灾害发生区域的南城区、马路镇、东坪镇的党委书记、镇长、分管副镇长发送各类预警短信。

安化县先后于 15 日 7 时、16 日 8 时 30 分启动了山洪灾害防御Ⅲ级、Ⅱ级应急响应，其中对马路、东坪、南城区 3 个乡镇先后于 15 日 15 时，16 日 9 时 30 分启动了山洪灾害防御Ⅱ级、Ⅰ级应急响应，并发布了一系列的山洪灾害防范、应对通知和水库调度命令。

点评：

安化县是湖南省 3 个暴雨中心之一和最为严重的山洪地质灾害高发区之一，1950 年以来有 54 个年份发生了全县性山洪灾害，1998 年因山洪灾害死亡 52 人，2002 年被列入湖南省山洪灾害防治试点县，2009 年成为全国首批山洪灾害防治试点县之一。此次灾害是由滑坡引发的次生灾害，且涌浪造成的危害性远远超过滑坡本身，由于涌浪威胁区域未纳入危险区或重要地质灾害隐患点，未配备相关监测预警设施设备，突发灾害给转移工作造成了困难，需进一步加强柘溪水库周围灾害隐患调查，并实施易地搬迁措施。

（1）此次灾害是 100 年一遇的灾害，以地质灾害为主。经国土资源部工作组调查后初步确定为地质灾害造成的次生灾害，灾害形成的原因主要是持续降雨—山体滑坡—巨浪—冲淹。

（2）灾害发生地点未纳入危险区，山洪灾害危险区范围内无人员伤亡。经现场调阅资料核实，"2014·7·16"暴雨山洪地质灾害发生地城南区铁炉新村、东平镇中砥村以及马路镇潺溪口村、澄坪村历史上未发生过大的自然灾害。国土、水利、气象等部门在项目一期实施方案审查时没有将其纳入山洪灾害易发区，国土部门也没有将其确定为重要地质灾害隐患点范围。灾害发生地点无山洪灾害预警设施，最近的无线广播离灾害地点约 1km，且信号不稳定。由于预警及时，山洪灾害危险区范围内无人员伤亡。

（3）由于灾害发生地点位于库区，居住较为分散，给人员转移工作造成了很大的困难。低洼区由于转移及时并未发生人员伤亡，而地势高的村组由于突发灾害伤亡惨重。潺溪口村村支书接到安化县防指的命令后带头救灾，组织转移低洼地带村民 49 人，避免了更大的人员伤亡。但面对意料之外的山体滑坡掀起巨浪，瞬间冲毁地势较高的房屋，组织转移工作根本无法开展。

资料来源：

全国山洪灾害防治项目组根据湖南省防办、安化县防办以及现场调研资料进行整理《安化县"7·16"特大暴雨山洪灾害情况汇报》（调研人：涂勇，姚毅）。

安化县自然资源局. 安化县马路镇潺溪口村滑坡地质灾害应急调查报告.

http：//www.yiyang.gov.cn/yysgtzyj/6624/6677/6687/content_347889.html.

5.11 湖南绥宁县"2015·6·18"山洪灾害

绥宁县隶属于湖南省邵阳市,位于湖南省南部,与广西壮族自治区为邻,县域总面积为2927km²,其中山地、丘陵面积约占县域面积的96.5%。绥宁县历来山洪灾害频发,从2001年至2009年的9年中,绥宁县就已发生了12次较大山洪灾害事件。2015年6月18日4—13时,绥宁县普降暴雨,局地降特大暴雨,武阳、唐家坊、河口3个乡镇降雨量超过200mm,其中武阳镇大溪站6h降雨量达252mm,重现期为500年。强降雨导致县内中小河流和山洪沟洪水暴涨,资水支流蓼水河红岩水文站洪峰水位为106.60m,相应流量为1780m³/s,超历史实测记录。"2015·6·18"强暴雨山洪造成绥宁县20.5万人受灾,损毁倒塌房屋4100间,水利、交通等基础设施损毁严重,直接经济损失达2.15亿元。在暴雨山洪灾害防御过程中,绥宁县科学应对,充分利用山洪灾害监测预警系统和群测群防体系,向有关乡镇、村组责任人发布预警600多人次,及时转移群众3.6万人,成功解救群众315人,实现人员零伤亡,最大程度减轻了灾害损失[23]。

5.11.1 雨情

绥宁县共建自动雨量站75个(单站覆盖面积39km²),其中,隶属于气象部门的有47个,隶属于水文部门的有17个,通过山洪灾害防治项目资金建设的有11个,所有站点信息均已接入绥宁县山洪灾害监测预警系统,便于县防指全面了解全县实时降雨监测情况。除自动雨量站外,绥宁另建有简易雨量站205个(位于205个行政村或自然村)。6月18日凌晨4时开始,绥宁县出现了明显强降雨天气过程至13时止,有武阳、唐家坊、河口、鹅公岭4个乡镇降雨量超过150mm,其中最大降雨量为武阳镇大溪站268.2mm,唐家坊镇曾家湾站214.6mm。降水中心在蓼水流域的武阳镇、李熙桥镇一带,主要站点监测情况见表5.15和图5.7。

表 5.15　　　　　　　　　主要站点降雨量频率分析

站名	所在乡镇	3h 降雨量		6h 降雨量	
		数值/mm	重现期/a	数值/mm	重现期/a
大溪	武阳镇	180.9	250	252.2	500
曾家湾	唐家坊镇	128.5	50	203.7	110
武阳	武阳镇	142.0	60	175.0	50
干坡	武阳镇	117.1	40	171.0	40

(1)大溪站。大溪站位于绥宁县武阳镇,降雨开始时间大致为6月18日3时,主要降雨时段为3—9时,6h内降雨量为252.2mm;降雨结束时间为12时,过程累积点降雨量为265.1mm。6h的雨量频率达500年一遇。

(2)曾家湾站。曾家湾站位于绥宁县唐家坊镇,降雨开始时间大致为6月18日3时,主要降雨时段为3—9时,6h内降雨量为203.7mm;降雨结束时间为14时,过程累积点降雨量为217.2mm。6h的雨量频率达110年一遇。

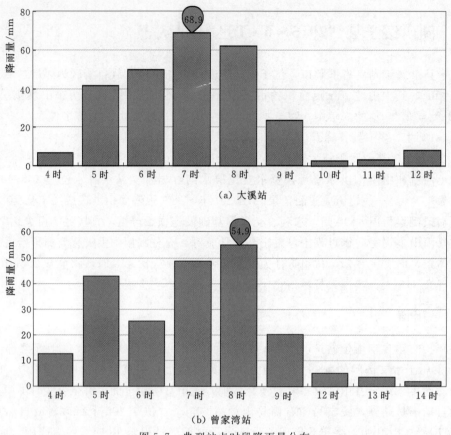

(a) 大溪站

(b) 曾家湾站

图 5.7　典型站点时段降雨量分布

（3）武阳站。武阳站位于绥宁县武阳镇，降雨开始时间大致为 6 月 18 日 3 时，主要降雨时段为 3—9 时，6h 内降雨量为 175mm；降雨结束时间为 9 时，过程累积点降雨量为 175mm。6h 的雨量频率达 50 年一遇。

（4）干坡站。干坡站位于绥宁县武阳镇，降雨开始时间大致为 6 月 18 日 2 时，主要降雨时段为 3—9 时，6h 内降雨量为 171mm；降雨结束时间为 12 时，过程累积点降雨量为 190.7mm。6h 的雨量频率达 40 年一遇。

5.11.2　水情

红岩水文站初设于 1960 年，位于湖南省绥宁县红岩镇红岩村，控制流域面积 694km²，为国家基本水文站、湘西南地区区域代表站，属二类精度站。该站流域植被良好，为闭合流域，干流长度为 57.6km，洪水陡涨陡落，来势凶猛，最大流速达 4.0m/s 以上。18 日 13 时 38 分，红岩水文站洪峰流量为 1780m³/s，超历史最大洪峰流量（1170m³/s）610m³/s（图 5.8）；洪水水位为 106.60m，超过历史最高洪水水位（104.08m）2.52m，见表 5.16。根据红岩站实测水文资料系列及历史洪水调查资料，采用 P-Ⅲ曲线，进行计算机模拟适线，频率超 50 年一遇。需要说明的是，由于此次降雨主要集中在蓼水干流上游武阳镇、李熙桥镇一带，而滚水唐家坊镇和广竹水白玉乡一带等区域降雨量则明显较小，出现了暴雨中心降雨频率特大,而蓼水全流域洪水频率并不同步的情况。

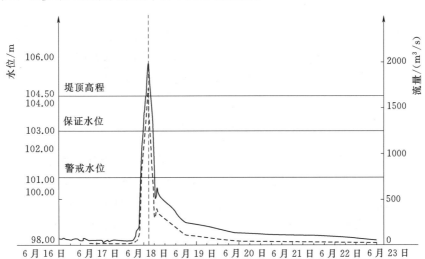

图 5.8 2015 年 6 月洪水红岩站水位过程线

表 5.16 红岩站水位量测记录

时间(时:分)	9:00	9:30	10:00	10:30	11:00	11:30	12:00	12:20
水位/m	98.77	100.34	101.32	102.1	102.73	103.48	104.24	104.94
时间(时:分)	12:34	13:00	13:38	15:08	15:15	15:20	15:35	—
水位/m	105.2	105.5	105.86	103.77	103.46	103.3	102.83	—

5.11.3 灾情

此次灾害造成 17 个乡镇不同程度受灾,据不完全统计,直接经济损失达 2.15 亿元。

(1)交通、电力、通信等基础设施损毁严重。省道 S221 线一度中断,县级公路中断 7 条,村道中断 126 条,冲毁路基 24km,塌方 3245 处,冲毁挡土墙 270 处,损坏路面 46km145 处,损坏涵洞 340 道,摧毁桥梁 2 座。倒塌 10kV 电杆 45 根、400V 电杆 121 根,断线 13 处,5 个乡镇电力中断。电信、移动、联通共 25 个基站因受损或停电无法通信,倒塌通信电杆 130 多根,损坏电缆(光缆)47km,8 个乡镇通信中断。

(2)农田水利和农林业生产损失巨大。损坏堤防 45 处 7.65km、护岸 75 处、冲毁河坝 56 座、灌溉设施 76 处。农作物受灾面积达 16.65 万亩,绝收面积达 1.13 万亩,因灾减产粮食 1.5 万 t,经济作物损失 565.6 万元。死亡大牲畜 1100 余头。林业损失惨重,冲毁林道 86km,其中 15km 无法恢复,因山体滑坡造成林地破坏 7800 亩。

(3)群众财产受损严重。全县受灾人口有 20.5 万人,损坏房屋 12363 间,倒塌损毁房屋 4100 间。

5.11.4 防御过程

5.11.4.1 雨前预警

6 月 17 日 23 时 30 分,绥宁县分管副县长主持会商会,从当时云图的分析,趋势不明朗。副县长指示县防汛办向县防指领导成员、各乡镇发布预警，同时要求县气象局、县防汛办加强值班，有情况随时报告。

6 月 17 日 23 时 40 分，雨前会商后，绥宁县防汛办向 39 个县防指领导成员和 25 个乡镇的党委书记、乡镇长、分管领导、水利员发布了短信防汛预警："根据县防指常设会商单位会商结果，今晚到 19 日我县有一次范围广、时间长、雨量大的强降雨过程，请各乡镇加强值班值守，密切注视雨水情，做好防范工作。"

5.11.4.2　雨中预警

6 月 18 日 0 时，会商会后，绥宁县气象局和防汛办分头值守。18 日 4 时，县气象局和防汛办在分析卫星云图和雷达回波时，认为绥宁县可能有一次较强降雨，双方继续跟踪分析，4 时 13 分，再次会商，发现河口岩坡、唐家坊的曾家湾降雨强度很大，云层移动速度小，回波强度还在加强。防汛办主任将会商结果报告给分管副县长。

4 时 20 分，气象局长和分管副县长一起到达防汛办，共同分析研究，准确预判强降雨发展趋势，及时发出预警信号。县防汛办向河口乡进行电话预警。

4 时 30 分至 5 时，县防汛办又向河口、武阳、红岩、枫木团、唐家坊等乡镇发布预警，并在防汛 QQ 群中向乡镇坚持值守人员发布预警。

5—7 时，由县防汛办值班室随时向可能受影响的乡镇发布预警。同时，县防汛办工作人员分别向受影响的乡镇领导、水库、电站业主、人工雨量站观测人员进行点对点的预警，要求乡镇重点做好群众安全和水库安全工作。

7 时 14 分左右，县防指向武阳、李熙、唐家坊、红岩等乡镇和县教育局发出做好学生上课途中安全，尤其是校车安全的指令。

7 时 20 分，县防汛办向县防指领导成员、所有乡镇发布短信预警："6 月 18 日 4：00—7：00，我县出现大到大暴雨，目前有武阳（169mm）、唐家坊（131mm）、河口（119mm）3 个乡镇出现暴雨，有红岩、枫木团、鹅公、党坪 4 个乡镇出现暴雨。降雨仍将长时间持续。县防指要求各乡镇加强防范，特别是水库、山塘、山洪灾害易发区的防范值守，确保人员安全。"各乡镇在接到县防指的预警后都在第一时间向各村组、水库、电站、山洪灾害隐患点进行了预警。

县防汛办工作人员分工明确，齐心协力，全面掌握全县情况。防汛办主任负责全盘调控、对雨水情的研判、对重点地段和重点部位的直接预警调度；防汛办副主任和值班人员接听乡镇来电，报告乡镇信息；另一防汛办副主任主要负责水库的调度和对降雨量达到 50mm 以上乡镇挂点县级领导的跟踪调度；防汛办工作人员负责对降雨量达到 50mm 以上的乡镇跟踪预警调度。县防汛办先后直接调度 25 个乡镇 4 次、县级领导 26 人次、38 座水库 2 次，其中对武阳、唐家坊的 4 座水库进行跟踪调度，对巫水河的 2 座水电站进行适时开闸泄洪调度 5 次。

5.11.4.3　响应

（1）18 日 5 时 30 分，武阳镇大溪自动雨量监测站显示降雨量达到 50mm，村支书李德培接到武阳镇预警后，一边通过预警广播播报预警，一边组织村组干部、党员转移群众，8 时整，大溪自动雨量监测站 3h 降雨量达 232.2mm，大溪村及时撤离转移群众共 586 人，由于撤离转移及时，全村无一人伤亡。

（2）武阳镇政府组织由 50 多人组成的应急分队紧急转移群众。当应急分队来到六王村老园艺场地段时，发现五保户黄启成被围困在波涛汹涌的河水中央时，大家一方面向其喊话，安抚其情绪，另一方面当即向县防办求援，不到 40min，一支由武警、消防、公安等部门组成的冲锋舟抢险队赶到了现场，将老人成功救出。

（3）收到预警信息后，李熙桥镇所有的乡、村两级干部全部进组入户转移群众，该镇金子岭村村长陶华新尽管自家房屋被洪水冲毁，但仍然坚守在转移群众的第一线，组织"红袖章"分队将 300 名群众转移到安全地带，确保了该村 1068 名群众零伤亡。在紧急转移群众过程中，正在路上行驶的三辆面包车被湍急的洪水冲出马路，情况非常危急。为此，10 多位干部群众自发前往救援，齐心协力将其中 2 台车推到了安全地带。由于水急浪高，一名司机连车带人被洪水冲入河中心，司机生命系于一瞬。村民立即找来 2 根安全绳，一头系在路边的大树上，另一头系在司机的腰身上，众人合力向岸边牵拉，10 多min 后，被困司机成功脱险。

（4）10 时 30 分，红岩镇税田村二组、三组群众被洪水围困和巷子村一匡姓老人被困河中，该镇防汛应急小分队兵分两路，立即前往驰援，安全转移被困群众 420 多人，成功解救了被困河中的老人。

（5）红岩镇许多群众出于好奇，在河岸边围观洪水，部分群众甚至等待在河边准备打捞上游漂下来的物品。随着河水暴涨，河边围观群众随时有生命危险，见此情景，红岩镇党委书记不顾自身安危立即组织干部到河堤巡堤，劝离围观群众，对于不听劝说的群众，全体干部强行将其带离围观现场。当 400 多名围观群众安全转移后，洪水即刻蔓延过河堤。

简易雨量报警器在此次暴雨山洪中发挥了重要作用。2015 个简易站中有 141 站次上报降雨情况，报汛最早的为河口乡水车站 4 时 40 分向县防办报告，3 时至 4 时 30 分降雨量为 46mm，5 时前共有 7 个人工站报汛。河口乡水车站、武阳镇双龙站均分 3 个时段上报降雨量。各村监测预警员既是防汛的侦察员，又是组织群众转移的指挥官，都是一边观测一边组织群众转移。在整个山洪灾害防御过程中，绥宁县充分利用山洪灾害监测预警系统和群测群防体系，向有关乡镇、村组责任人发布预警 600 多人次，及时转移群众 3.6 万人，成功解救群众 315 人，实现人员零伤亡。

点评：

绥宁县"2015·6·18"山洪灾害是近年来少有的雨情、水情、灾情、预警及响应资料齐全，防御成功的案例，为今后的山洪灾害防御及相关水文研究提供了案例参考。2001年 6 月 19 日 20 时至 20 日 8 时，绥宁县金屋、水口等乡镇亦遭受特大暴雨山洪袭击，造成 124 人死亡。两次灾害暴雨山洪发生日期接近，均出现在凌晨，但此次暴雨强度更大、洪水水位更高、损毁倒塌房屋更多。此次强降雨 6h 降雨强度为 500 年一遇，2001 年为300 年一遇；蓼水河红岩水文站水位比 2001 年高 2.52m，流量比 2001 年大 610m³/s；房屋损毁倒塌数量此次为 4100 多间（2001 年为 2400 多间）。绥宁县在部分站点雨情、水情均超历史实测记录的情况下，充分利用山洪灾害监测预警系统和群测群防体系，加密观测降雨，及时转移群众，实现了人员的零伤亡，有很多成功经验值得借鉴。

（1）整合资金，夯实了山洪灾害防御"技防"基础。绥宁县整合气象、水文、防汛资金，提升了全县山洪灾害防御能力。新建了75个自动雨量监测站和15个卫星预警信息发布站、205个简易雨量报警器，配备了简易预警发布设备。绥宁县财政每年安排监测预警系统运行费80多万元，确保了系统正常运行。在此次强降雨中，隶属于气象局的大溪站、曾家湾站监测信息接入县监测预警平台，为县级人民政府指挥山洪灾害防御提供了重要的决策支持。

（2）严格落实山洪灾害防御工作领导责任制，建立了山洪灾害防御"人防"体系。实行县领导包乡镇、乡镇干部包村、村干部包组、组长和党员包户的包保责任制，并落实村级监测预警员对每次降水过程进行雨量观测。

（3）及时发布预警，组织转移得力。根据雨量监测情况，6月17日23时30分、18日凌晨4时30分、5时、7时14分、7时20分绥宁县防汛指挥部通过山洪灾害监测预警平台向有关乡镇、村组防汛责任人共发布5次预警信息。各防汛责任人及时传递预警信息到户到人，解救受困群众，充分发挥基层党组织的堡垒作用，是实现大灾面前零伤亡的关键因素。

资料来源：

综合湖南省防汛抗旱指挥部办公室、绥宁县防汛抗旱指挥部办公室关于"6·18"山洪灾害情况汇报材料、邵阳市水文水资源勘测局编制的《蓼水红岩以上流域"6·18"暴雨洪水调查分析报告》等内容。

何广丰，陈水扬，蒋小兰.湖南绥宁山洪地质灾害成因分析及其预报［C］.第27届中国气象学会年会灾害天气研究与预报分会场论文集，2010.

5.12　河南商城县"2015·6·27"山洪灾害

2015年入汛以来（5月15日至6月30日），河南省平均降雨量为163mm，较多年同期均值（132mm）偏多2成多。其中，淮河流域较多年同期均值偏多6成多，信阳市较多年同期均值偏多7成多。6月26日8时至30日8时，河南省大部分地区再次出现强降雨过程，全省累积平均降雨量为47mm，暴雨区位于信阳市商城县、固始县，累积最大点雨量信阳市商城县大门楼水库站404mm。受此次降雨影响，河南省淮河干流及淮南支流先后出现洪水过程，史灌河、白露河出现较大洪水，商城县部分乡镇发生了山洪地质灾害[24]。

5.12.1　雨情

截至6月30日，商城县2015年平均累积降雨量为809mm，较常年同期偏多47%；6月平均累积降雨量为364mm，较常年同期偏多127%。6月27日8时至6月28日8时，全县平均降雨量超过100mm的乡镇有10个，其中苏仙石乡331mm、伏山乡246mm、汪岗镇212mm、汤管处198mm、吴河乡182mm、金刚台乡164mm、余集镇150mm、李集乡138mm、丰集镇111mm、城关镇100mm。

根据信阳遥测站点降水量记录，通过 2015 年 6 月 27 日 8 时至 6 月 28 日 8 时暴雨降水量等值线分析，此次暴雨中心位于商城县苏仙石乡大门楼水库，24h 降雨量为 331mm，其中，最大 6h 降雨量为 198mm（6 月 27 日 20 时至 6 月 28 日 2 时），最大 1h 降雨量为 56mm（6 月 28 日 0—1 时），最大 10min 降雨量为 13mm（6 月 28 日 0 时 30—40 分）。暴雨中心分布在灌河支流龙井河、毛坪河、下马河流域，呈西南至东北方向的带状分布。暴雨导致龙井河流域平均降雨量为 224mm，毛坪河流域平均降雨量为 215mm，下马河流域平均降雨量为 259.3mm，详见表 5.17。由于主要降雨时段集中，暴雨走向与河流流向一致，造成洪水陡涨陡落、历时短、洪峰高、突发性强，不易防范。

表 5.17 灌河各支流暴雨时段平均降雨量

降雨历时 /h	龙井河流域		毛坪河流域		下马河流域	
	平均降雨量 /mm	时段降雨量与次降雨量比值/%	平均降雨量 /mm	时段降雨量与次降雨量比值/%	平均降雨量 /mm	时段降雨量与次降雨量比值/%
1	68.0	30.36	67.5	31.4	59.0	22.75
2	113.0	50.45	115.0	53.49	109.8	42.34
3	172.0	76.79	145.0	67.44	149.0	57.46
6	207.0	92.41	172.0	80	182.3	70.3
9	216.5	96.65	193.3	89.91	222.5	85.81
12	219.0	97.77	195.8	91.07	227.3	87.66
24	224.0	100	215.0	100	259.3	100

根据设计暴雨计算成果，毛坪河大木场 24h 实测流域平均降雨量为 215mm（设计暴雨量为 224.8mm），暴雨重现期为 10 年；下马河汪岗 24h 实测流域平均降雨量为 259.3mm（设计暴雨量为 260.9mm），暴雨重现期为 20 年；龙井河狮子塘 24h 实测流域平均降雨量为 224mm（设计暴雨量为 233.2mm），暴雨重现期为 10 年。

5.12.2 水情

受降雨影响，商城县境内史灌河出现较大洪水，鲇鱼山水库超汛限水位。史灌河蒋家集水文站 6 月 29 日 1 时洪峰流量为 3100m³/s（保证流量为 3580m³/s），6 月 29 日 2 时洪峰水位为 33.01m，超警戒水位（32.00m）1.01m（保证水位为 33.24m）。鲇鱼山水库 6 月 28 日 2 时最大入库流量为 4239m³/s，6 月 28 日 23 时最高库水位为 107.82m，超汛限水位（105.80m）2.02m。

河南省信阳水文水资源勘测局分别对龙井河、毛坪河、下马河洪水痕迹进行考证，对洪水痕迹所在的河道断面进行测量，收集、调查相应的降雨资料，估算洪峰流量，见表 5.18。根据设计洪水计算结果，此次洪水龙井河狮子塘、毛坪河大木厂、下马河汪岗调查点洪峰流量重现期均为 200 年。

表 5.18 　　　　　　　　　　　　　　　　　　灌河流域洪水调查成果

河流名称	调查地点	积水面积/km²	水面比降/‰	糙率	河段长度/km	洪痕水位/m	洪峰流量/(m³/s)
龙井河	狮子塘	25.8	10.5	0.056	14.9	113.50	454
毛坪河	大木厂	46.8	10.9	0.035	13.8	194.50	870
下马河	汪岗	53.0	60.5	0.033	7.93	115.00	1220

5.12.3　灾情

由于此次降雨时间集中、强度大，引发山洪地质灾害。据初步统计，商城县 23 个乡（镇）遭受不同程度的洪涝灾害，发生山体滑坡等地质灾害 381 处，受灾人口 7.62 万人，转移 1.5 万人，因山体滑坡造成房屋倒塌死亡 5 人（其中，伏山乡佛山村 1 人、大木厂村 1 人、石洞村 1 人、龙泉村 1 人，汪岗镇虎塘村 1 人），倒塌房屋 0.02 万间，农作物受灾面积 6750hm²，损坏堤防 98km，冲毁塘坝 1029 座，公路中断 26 条处，供电线路中断 14 条处，通信中断 23 条次，灾害造成直接经济损失 5.05 亿元，其中水利设施直接经济损失 1.6 亿元。

5.12.4　防御过程

商城县为切实做好此次强降雨的防范工作，一是提前安排部署，县水利局主要领导、分管领导、带班领导和值班人员 24h 在岗在位，通过山洪灾害监测预警平台实时监测雨水情变化情况，根据雨水情变化及时进行会商；二是及时发布预警信息，当相关的乡（镇、处）降雨达暴雨级别时，县防汛办通过短信、电话等多种通信方式及时向相关乡（镇、处）主要领导发出预警，要求严格落实各级行政防汛责任制，深入细致做好山洪灾害易发区排查工作，确保度汛安全。

根据商城县山洪灾害监测预警系统显示（图 5.9），商城县防汛办于 6 月 28 日 22 时 28 分第一次发布内部预警，22 时 34 分第一次向乡（镇）发布外部预警；至 6 月 30 日 9 时 20

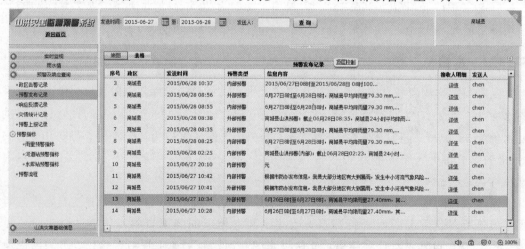

图 5.9　商城县"2015·6·27"山洪灾害监测预警系统运行情况截图

分，共发布内部预警 7 次、外部预警 5 次，其中外部预警发布涉及相关责任人 902 人次。

在此次强降雨发生前，商城县提前安排部署了山洪灾害防御相关准备工作。6 月 24 日，商城县防汛抗旱指挥部在黄柏山管理处枣树塝村召开全县山洪灾害防御演练工作现场会，重点演练山洪灾害危险区人员转移安置的流程、注意事项等。

在降雨开始阶段，商城县防汛办于 6 月 27 日 17 时，专门下发《商城县防汛抗旱指挥部关于做好强降雨防范工作的紧急通知》，要求各乡（镇、处）党委政府充分做好防范强降雨的准备工作，带班领导要到岗到位，对易发山洪灾害的部位，派人进行监测和巡查，确保群众生命财产安全。

在强降雨发生后，商城县防汛办利用各种通信手段指挥山洪灾害防范工作，发布预警信息，及时启动应急响应。一是在山洪灾害监测预警系统发布预警短信的基础上，县防汛办从 6 月 27 日 21 时 48 分至 28 日 3 时 25 分，电话通知各乡（镇）防汛办以及书记、乡（镇）长，要到岗到位，密切关注雨水情及工情变化，深入一线指挥，做好对水库、河道及山洪灾害易发区的监测、预报、预警，确保人民群众生命安全，最大程度减少灾害损失。二是县防汛办通过山洪灾害监测预警系统监测到苏仙石、伏山、汪岗、金刚台、鲇鱼山等相关乡镇降雨量达 100mm 以上时，及时电话通知要求立即启动山洪灾害Ⅰ级应急响应，乡（镇）、村干部立即组织危险区群众进行转移。据不完全统计，全县紧急转移 15024 人，临时安置群众 3000 人。

点评：

河南省信阳市商城县、新县是河南暴雨中心之一，近几年山洪灾害发生较为频繁，商城县此次山洪灾害防御过程是一次较为成功的案例，提前安排部署，依托山洪灾害监测预警系统和群测群防体系及时发布预警信息，组织转移 1.5 万人，避免了更大的人员伤亡和财产损失。

（1）此次降水量重现期为 10 年，洪峰流量重现期为 200 年，由于降水时段集中，暴雨走向与河流流向一致，造成洪水陡涨陡落、历时短、洪峰高、突发性强，不易防范，引发了山洪灾害。

（2）提前安排部署。强降雨发生前，商城县提前安排部署了山洪灾害防御相关准备工作，组织安排召开全县山洪灾害防御演练工作现场会，重点演练山洪灾害危险区人员转移安置的流程、注意事项等。降雨发生后，商城县水利局主要领导、分管领导、带班领导和值班人员 24h 在岗在位，通过山洪灾害预警平台实时监测雨水情变化情况，根据雨水情变化及时进行会商。

（3）及时发布预警信息。商城县山洪灾害监测预警系统按照预警流程，发布内部预警、外部预警，各乡镇、村组依托责任制开展人员转移，避免了更大的人员伤亡和损失。利用各种通信手段指挥山洪灾害防范工作，发布预警信息，及时启动应急响应。

资料来源：

河南省防办. 商城县"6·27"山洪灾害防御情况的报告，唐学哲提供。

李继成（河南信阳市水文局）. 灌河流域"20150627"暴雨洪水调查分析［J］. 治淮，2016，（12）：71-72.

5.13　福建连城县"2015·7·22"山洪灾害

福建省连城县位于闽江、汀江、九龙江三江交汇处，其中，闽江境内集水面积为 1219.58km²，汀江境内集水面积为 1004.85km²，九龙江境内集水面积为 371.11km²。县域主要河流呈枝叶状分布，小河流多，河道短，坡降陡，极易造成山洪灾害。2015 年 7 月 22 日 3 时起，受低压环流影响，连城县由南向北突发特大暴雨，引发"2015·7·22"特大洪水，闽江水系的文川河、北团河，汀江水系的朋口河、宣和河、新泉河、庙前河等主要河道水位暴涨，洪水漫堤，短时间内暴发山洪。全县 17 个乡镇不同程度受灾，其中城区（莲峰）、文亨、朋口、新泉、庙前、曲溪、宣和等乡（镇）受灾极为严重。

2015 年 7 月 29—31 日，全国山洪灾害防治项目组赴福建省连城县专题调研"2015·7·22"山洪灾害及防御工作情况。调研组在山洪灾害最严重、损失最大的县城（莲峰镇）、文亨镇实地察看了现场灾情和非工程措施项目建设的水雨情监测设备与预警设备，查阅了有关宣传材料及乡镇、村级预案，向当地干部群众了解暴雨山洪发生过程及预警转移、抢险救灾、灾民安置情况；检查了山洪灾害监测预警平台运行情况，并调取了 7 月 22 日当天的雨量监测数据和预警信息发送历史记录。

5.13.1　雨情

7 月 22 日 3—15 时，在雨量监测数据因通信信号中断 1h 以上的情况下，连城县 34 个站点降雨量超过 100mm，8 个站点降雨量超过 200mm，最大过程降雨量文亨站 294mm、林坊站 277mm、文亨湖峰站 268mm、罗坊站 250mm、隔川站 237mm、莲峰（城区）站 225mm，局部地区最大过程降雨量达 335mm。最大 1h 降雨量为 92mm（宣和镇培田村，22 日 9—10 时），最大 3h 降雨量为 173mm（文亨镇，22 日 7—10 时），最大 6h 降雨量为 255mm（文亨镇，22 日 7—13 时），降雨频率均为 100 年一遇，创连城县有气象记录以来的历史极值。

连城文亨自动监测站强降雨集中时段在 22 日 7—12 时，5h 内累积降雨量达 242.7mm，1h 降雨量均在 25mm/h 以上，其中 22 日 7—8 时，1h 降雨量达 60.5mm，说明此次特大暴雨过程降雨时段集中，降水强度大，具有热带对流降水的性质。

5.13.2　水情

特大暴雨导致文川河城区段、朋口河、新泉河、庙前河、北团河等主要河道水位暴涨，洪水频率接近 200 年一遇，为 1901 年以来最大洪水。由于城区主河道文川河贯穿主城区，短时间内就形成洪峰，最高水位达 362.07m（黄海高程），超过保证水位 2.37m，导致城区 90％区域进水，平均淹没深度达 1.5m，城区主要街道最大淹没水深超过 3m。文亨、朋口、北团、新泉、庙前、宣和、曲溪等乡（镇）大面积受淹。

5.13.3　灾情

全县 17 个乡镇全面受灾，8 个乡（镇）严重受灾，房屋倒塌、桥梁断裂、公路塌陷、良田被毁，损失极为严重，远超有历史记录以来的历次洪灾。全县 13 人死亡、3 人失踪（其中 7 人因山洪冲淹、5 人因大江大河洪水冲淹、3 人因倒房、1 人因滑坡导致死亡或失踪），8752 间房屋倒塌，1356 台车辆受淹，全县受灾人口达 24.3 万人，直接经济损失达 34.27 亿元，其中中国最大的国兰种植基地连城兰花股份有限公司 800 余万株兰花冲毁，经济损失达 6 亿元。

5.13.4　防御过程

7 月 22 日，连城县防汛指挥部下发了《关于做好防御强降雨工作的紧急通知》，7 月 22 日上午，连城县委书记、常务副县长亲自坐镇防汛抗旱指挥中心，部署指挥全县抗灾救灾工作。县委、县政府连续下发了《关于全力做好抗洪救灾的紧急通知》《关于成立连城县抗洪救灾工作领导小组的通知》《关于进一步做好抗灾救灾的紧急通知》等 5 份文件，对防汛抢险救灾工作进行安排部署。县领导要立即深入所在乡镇指挥防汛抢险救灾工作；消防、武警、人武部、公安等部门要根据各乡（镇）受灾情况合理配备人员迅速投入救援；各乡（镇）、各部门密切配合，积极开展各项应急准备和应急处置工作，紧急派出抢险队伍、机械设备、车辆、技术专家等，分赴各乡（镇）开展道路抢通、供电通信抢通、水利水毁工程修复、地灾监测、灾民安置和农业恢复生产等工作；气象、防汛、水利、水文等部门加强预警监测，及时准确发布预警信息。

7 月 20 日 17 时，连城县气象局启动气象灾害应急预案Ⅳ级响应；22 日 4 时 50 分至 10 时相继启动了气象灾害应急预案Ⅲ级、Ⅱ级响应；22 日 5 时 34 分至 12 时 50 分相继发布了 2 次暴雨橙色预警和 2 次暴雨红色预警信号；22 日 7—10 时相继发布了全县地质灾害风险Ⅲ级、Ⅱ级、Ⅰ级预警。县防汛、气象、水文、水利、国土等部门加密监测会商，特别是对强降雨区域的预报预警，提前向成员单位、各乡（镇）、村级防汛责任人发送预警短消息。截至 7 月 24 时，县防汛办累计向全县各类防汛责任人发布预警短消息 1.52 万条，县防指发布指令 69 条，电话调度 535 条次，实施点对点预警指挥 102 次。22 日早上，连城县防汛办对城区文川河闸坝进行预泄调度；同时，连城县防指请求龙岩市防指对上杭县矶头电站进行调度，22 日 10 时，连城县防指根据县气象局预报未来降雨情况，通过预警短信的方式通知全县各类防汛责任人要求全县沿河及低洼地带群众全部撤离到安全地带。

22 日 7 时，连城县防指启动防洪预案Ⅳ级应急响应，实行防汛副指挥长 24h 坐镇指挥。水利、国土、安监、住建、交通、旅游、教育等部门加强值班带班，突出做好强降雨可能引发的山洪暴发、山体滑坡、泥石流等次生灾害的防范工作。各防御重点部位、危险区域责任人按照要求，迅速上岗到位，全面开展巡查，组织危险区域的群众安全转移工作。同时，做好防汛抢险队伍集结待命和物资准备工作，确保一旦出险，能立即投入抢险救灾。22 日 10 时 30 分，连城县防指启动防洪预案Ⅱ级应急响应，县防指各成员单位和各乡（镇）主要领导赶赴救灾现场全力指挥救援工作，奋力把灾害损失降到最低。

连城县山洪灾害监测预警平台在防御这次洪涝灾害中发挥了重要作用，通过科学监测、及时预警和高效运作，使防汛抢险工作更加有序、高效。根据连城县山洪灾害监测预警短信系统信息统计，县防指从 22 日凌晨起先后 6 次向全县各类防汛责任人（县、乡、村三级责任人、水库、地质灾害巡查人员、预警信息员）共 2436 人发布预警短信 1.52 万条，大大提高了预警时效。

连城县山洪灾害监测预警短信发送系统（采用中国移动网关）截图见图 5.10。

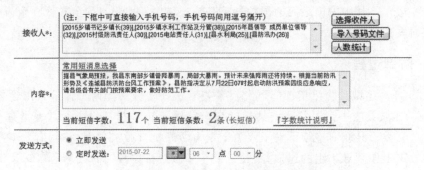

图 5.10　连城县山洪灾害预警信息发送情况

点评：

连城县此次灾害是发生在我国东部地区山区县里比较典型的山洪灾害，部分河道被无序侵占，局部桥梁堵塞，造成排洪不畅，加剧了山洪灾害的危害程度，在近几年的山洪灾害防御过程中较为常见。

（1）基础设施建设防洪标准低，加之河道淤积、桥梁堵塞等原因，防洪能力较为薄弱。穿过县城文川河设计洪水标准是 20 年一遇，而实测洪水频率为 200 年一遇，造成了县城大面积受淹，损失惨重。

（2）重要监测站的通信和电源保障不高，县城受淹后电力中断，通信中断，导致连城县防指与各乡（镇）联系中断，且县防汛办无法及时掌握雨水情信息。

（3）与其他部门信息未实现真正融合共享。连城县山洪灾害监测预警系统仅接入通过山洪灾害防治项目建设的 40 个雨水情监测站点，还需通过政务内网关注气象部门的其余 51 个站点信息（此次最大降雨值由气象站点监测到）；受短信猫发送能力的困扰，连城县防汛办值班人员通过中国移动代理网关发送预警短信。监测预警信息需要在不同平台中转换，影响了指挥决策和预警信息发布的效率。

（4）群测群防体系还不够完善，宣传、培训、演练的深度和广度还不够，防灾减灾的意识不强，基层缺乏相对固定的预警信息员。

资料来源：

连城县水利局关于连城县"7·22"特大洪水灾害防御情况的报告，汇报材料 PPT 等。

国家防办调研组.福建省连城县"7·22"山洪灾害调研报告（调研人：尤林闲，左吉昌，彭敏瑞，何秉顺）。

5.14　陕西西安市长安区"2015·8·3"山洪灾害

长安区地处陕西省西安市主城区南部，东连蓝田县，南接宁陕、柞水县，西与户县、咸阳市接壤，北与雁塔区、灞桥区为邻。地势为东塬、南山、西川，多年平均年降水量为 670mm。长安区总面积为 1580km²，山区面积为 755.3km²，下辖 22 个街道办事处、606 个行政村，总人口 103 万人。区内主要河流有沣河、潏河、滈河、浐河，均属渭河水系。辖区流域面积为 10km² 以上的河流有 12 条，总长度为 291km，其中小峪河属于沣河流域。2015 年 8 月 3 日，陕西省西安市长安区东南部突发特大暴雨，引发山洪泥石流，将王莽街道小峪河上游河道路边外侧正在就餐的 9 名群众冲入小峪河。

5.14.1　雨情

8 月 3 日 16 时，长安区普降中到大雨，东南部山区大峪河、小峪河流域发生特大暴雨。根据西安市防汛监测预警系统统计，3 日 7 时至 4 日 7 时，24h 长安区大峪水库雨量站降雨量达 172mm，其中，3 日 16—17 时降雨量达 70mm，17—18 时降雨量达 83mm，大峪气象站降雨量 145.1mm。8 月 3 日 16 时 45 分至 7 时 20 分，距事发地下游 1.7km 的小峪水库站 35min 降雨量达到 50mm，为 30 年一遇特大暴雨，而距离事发地上有 0.8km 的十里庄雨量站无降雨。事发时小峪河村正在下小雨，遇难群众正在河道路边外侧靠近沟口的农家乐凉棚下用餐。17 时 20 分左右，小峪河东侧石门岔沟突发山洪泥石流，将在小峪河村河道路边外侧就餐的 9 名群众冲入小峪河，全部遇难。

5.14.2　水情

此次降雨历时短、强度大、量级高，为 1981 年有统计数据以来的最大值，为 30 年一遇；据西安市水文局推算，3 日 17 时 20 分小峪河村流量瞬间达到 89m³/s，为 30 年一遇洪水，导致山洪泥石流灾害快速形成，夹杂树木、石头等杂物瞬间将人员和凉棚、桌椅冲走，群众猝不及防，无法躲避，造成人员伤亡。

5.14.3　灾情

据统计，此次强降雨共造成正在小峪沟一家农家乐就餐的 9 人被冲走死亡，王莽等 3 个街道受灾人口 1032 人，转移 258 人，淹没农田 480 亩，损坏大峪水库总干渠安上村段堤防 1.6km，冲毁高山庙村塘坝 4 座，共造成直接经济损失 300 余万元。

5.14.4　防御过程

（1）长安区防汛办监测预警运行情况。8 月 3 日 9 时，长安区防汛办通过公文传输系统向各街道办事处及相关成员单位发送了西安市政府总值班室、市防汛办紧急通知"8 月 3—5 日西安市将有强降水过程，其中南部山区将有暴雨"。3 日 16 时 35 分，防汛值班人员通过西安市防汛监测预警系统监测到大峪、小峪等站点出现强降雨，16 时 38 分，长安区防汛办通过视频会商系统，向王莽等沿山 8 个街道办通报降雨情况，发布预警信息，要求街道办通知相关村组，密切关注雨情，加强防范。17 时，区防汛办通过公文传输系统，向各街道办及相关成员单位发送长安区气象台发布的暴雨黄色预警信息。

（2）王莽街道办预警情况。8 月 2 日街道长安区气象局发布的近期有强降雨的气象预报信息后，连夜向各村干部作了安排。3 日下午，当面和电话通知各村干部，15 时王莽街道办召开防汛紧急会议，对防汛工作进行了安排。会后街道办副主任带队对沿山 8 个村、6 个滑坡点、5 个水库进行巡查，巡查中再次当面和通过电话向各村干部作了安排。16 时 50 分，街道办副主任又电话通知小峪河村书记、主任进行预警，并迅速赶往小峪河村。

(3) 小峪河村预警情况。8 月 3 日下午，小峪河村接到街道办强降雨预报预警后，党支部书记、村委会主任分别向各组干部进行了传达。各组长接到通知后，分别采用电话通知、当面告知、口口相传等方式向各组村民进行了通知。16 时 50 分，小峪河村书记、主任在接到预警电话后，立即指挥群众进行避险。

(4) 群测群防体系运行情况。王莽街道小峪河村群众居住分散，南北长约 10km，共有 6 个村民小组、404 人。村委会位于第 5 组，也是此次山洪泥石流灾害发生地（图 5.11）。该村布设预警广播 1 套、简易雨量站 3 个，分别设在第 2 组、第 4 组、第 6 组的组长家，组长兼任监测预警员，并配备了手摇报警器、铜锣、应急照明灯、口哨等预警设备。小峪河村接到街道办暴雨预警后，及时组织 100 余名群众撤离到避险区。

图 5.11　非工程措施宣传标语（距事发地 50m）

在此轮强降雨过程中，小峪河村村委会接到街道办暴雨预警电话后，立即启动了山洪灾害防御预案，并利用配备的手摇报警器、铜锣、应急照明灯、口哨预警设备等，及时组织 100 余名群众撤离到安全地带，确保了村民及大多数游客生命安全。全区受灾人口 1032 人，转移 258 人。

点评：

此次灾害是一起发生在西北地区典型短历时强降雨造成的局地山洪灾害，35min 降雨量达 50mm，死亡人员全部为农家乐休闲人员，暑期流动人员管理成为山洪灾害防御的短板。

(1) 游客安全风险意识不强。7 月下旬以来长安区持续高温，在西安市、长安区气象台 8 月 2 日发布重要天气预报后，游客对气象部门发布的重要天气预报置若罔闻，风险意识不强，警惕性不高，对沿山峪口警示标识视而不见，不听街道办封山工作人员劝导，加之对当地河道情况不够了解，依然继续进山消暑纳凉，导致悲剧发生。

(2) 农家乐建设管理不够规范。近年来，秦岭北麓休闲旅游迅猛发展，各峪口已经成为市民休闲娱乐、消暑纳凉的主要场所，大量市民进入峪口休闲消费，带动峪口内农家乐快速发展。但农家乐在规划、建设、管理等方面缺乏有效管理，处于无序混乱状态，存在着很大的安全隐患。

（3）预警信息传递不畅。气象部门发布天气预警后，受秦岭北麓山区地形影响，手机信号不能全覆盖，无线通信存在盲区，不能及时将气象、预警、避灾等信息及时传递到山区群众及游客。由于信息传递不畅，也影响了抢险救灾的快速高效进行。

（4）避险知识宣传不足。近年来，长安区对山区内居住群众广泛普及山洪灾害防御知识，当地群众防范意识日益增强。但是，针对进山消暑纳凉游客应对暴雨洪水、地质灾害等突发天气防范知识宣传不足、普及不够，游客避险意识不强，致使发生灾害时，规避山洪灾害风险能力差。

（5）山区小支流管理存在不足。长安区的主要河道主要由水务局下属三个河道管理站进行日常管理，安排专人负责管理并经常巡查，但由于秦岭北麓峪口众多支流多数由村组直接管理，相关管理办法难以在小支流上得到落实。

资料来源：

西安市长安区防汛办.西安市长安区小峪河"8·3"山洪泥石流灾害防御情况分析。

5.15　云南华坪县"2015·9·15"山洪灾害

2015年9月15日20时到16日8时，云南省丽江市华坪县中心镇田坪雨量站最大1h降水量为83.6mm，强降雨导致鲤鱼河水暴涨引发山洪，共造成3.74万人受灾，10人死亡，3人失踪[25]。

5.15.1　雨情

华坪县"2015·9·15"暴雨主要有以下特点：

（1）小面积、高量级、局地暴雨。100mm以上降雨量笼罩面积仅为44km²。

（2）持续时间长。短期内暴雨大暴雨集中，5—15日的11天内，流域共发生3场暴雨，笼罩范围广，前期雨量充沛。

（3）时段降雨强。场次暴雨中时段降雨强度特别大，最大1h、3h、6h降雨量分别为65.5mm、115.0mm、225.0mm。9月15日20时至16日8时，中心镇田坪雨量站12h降雨量为288.2mm，其中15日21时至16日2时的5h降水量达277.9mm，最大1h降水量为83.6mm（16日1—2时），降雨级别达到100年一遇，为该县同时也是云南省有气象记录以来最大的一次。

（4）造峰雨量集中。短时期内暴雨、大暴雨、特大暴雨的灾害性天气连续出现，有利于河流造峰。2h内中心镇田坪以下鲤鱼河两岸山洪暴发，河道水位上涨迅速，发布预警险情时间太短，致使鲤鱼河两岸的县城、集镇、村庄、房屋、农田受损严重。

（5）暴雨重现期长且频发。9月11日全流域性的暴雨重现期超过50年，15日中心区暴雨重现期超过100年。

此次降雨历时 7h，暴雨主要集中在两个时段，即 9 月 15 日 21—23 时及 16 日 0—2 时，两个时段 4h 降雨量达 220.0mm，中间从 15 日 23 时至 16 日 0 时降雨稍有停息。此次降雨最大 1h 降雨量达 87.5mm，最大 2h 降雨量为 113.5mm，连续 5h 降雨量为 221.5mm。9 月 15 日 20 时到 16 日 8 时，累积降水量不低于 200mm 的站点有 2 个，累积降水量为 50～100mm 的站点有 3 个，累积降水量为 25～50mm 的站点有 4 个，累积降水量为 0.1～25mm 的站点有 15 个，无降水的有 5 站。降水主要区域为华坪县北部乡镇，其中雨量最为集中的是中心镇田坪站，12h 降水量为 288.2mm，其中 15 日 21 时至 16 日 2 时的 5h 内降水量达 277.9mm，最大 1h 降水量为 83.6mm（16 日 1—2 时）。详见图 5.12 和表 5.19。

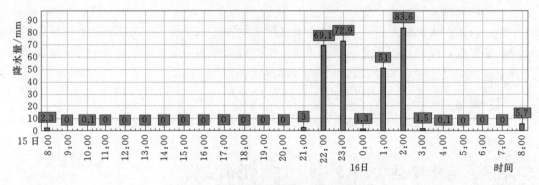

图 5.12　华坪县田坪站逐小时降水量监测

表 5.19　　　　　　　　　　　9 月 15 日各雨量站短历时降水量统计

站名	时段降水量/mm				日降水量 /mm
	1h	2h	3h	6h	
田坪	87.5	113.5	115.0	225.0	231.5
鲤鱼	43.5	49.5	68.5	86.5	87.0
龙洞	28.0	42.0	48.0	77.0	93.5
永兴	11.0	20.0	27.0	32.5	41.5
务坪	17.0	17.0	17.5	17.5	21.0
船房	12.5	20.0	21.5	32.0	51.5
松竹	6.5	7.5	7.5	10.0	10.0
梭罗	7.5	8.5	9.0	15.5	16.0
华坪	3.0	3.0	3.5	3.5	3.5
新庄	0.5	0.5	0.5	0.5	0.5

5.15.2　水情

华坪水位站至彩虹桥河段，该河段为混凝土河堤，河床由砂砾、卵石组成，堤高 3.5～4.5 m。断面河长 2.66 km，河道比降 3.76‰。调查控制段面彩虹桥以上流域面积为 164km²，河长 20.1 km，河道比降 26.2‰。调查河段控制断面见图 5.13，调查断面主槽深 3.5～4.0m、宽 35m。漫滩水深 0.4～0.8m。根据鲤鱼河现状的河床组成及查阅有关规范，鲤鱼河"2015·9·15"洪水彩虹桥断面洪峰流量为 665m³/s，为鲤鱼河 1919—2015 年间洪峰流量的最大值，"2015·9·15"洪水洪峰流量重现期为 98 年。

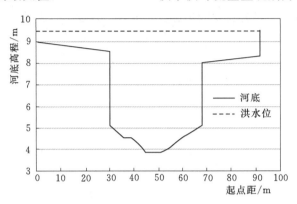

图 5.13 调查河段控制断面大断面示意图

9 月 15 日 23 时 13 分观测到第一次洪峰已到鲤鱼河楠木段，16 日 1 时 41 分第二次更大的洪峰到达县城河段，3 时 59 分左右第二次洪峰开始缓慢消退。根据洪水调查，洪水为前峰小后峰大的复式峰型，从开始最大降雨到洪峰出现仅隔 6h 左右。鲤鱼河县城河段 15 日 23 时左右开始涨洪，至 16 日 3 时 30 分左右到达峰顶，至 5 时水位低于护堤，漫堤最严重地段沿岸淹没水深高达 2m。此次洪水洪峰历时 2h 左右。

5.15.3 灾情

此次山洪灾害导致中心镇、荣将镇、石龙坝镇、船房乡 4 个乡镇受灾，造成 7 人死亡（其中 1 人因泥石流淹没致死，其余为洪水溺亡）、6 人失踪，死亡人员包括 4 名老人、2 名青壮年和 1 名小孩，受灾人口 3.74 万人。沿岸房屋、涵管、输电线路等受损严重。此次特大暴雨山洪造成全县直接经济损失 3.68 亿元。

5.15.4 防御过程

9 月 15 日 23 时接到华坪县气象局暴雨预警；23 时 13 分观测到第一次洪峰已到鲤鱼河楠木段；23 时 14 分立即向华坪县政府办和指挥长报告，指挥长指示直接发布Ⅰ级预警。

23 时 16 分发布Ⅰ级预警，立即用电话通知鲤鱼河沿线的中心镇、荣将镇和石龙坝镇的值班人员，要求立即通知辖区内沿河村民，巡查房前屋后，有危险立即转移，随即通知水利局抢险队员。

23 时 33 分网络中断；23 时 42 分启动Ⅰ级应急响应；23 时 45 分用预警广播分别向危险区直接喊话，启动Ⅰ级预警和应急响应命令，通知靠近河边村民立即转移。

16 日 1 时 20 分左右，接到在田坪现场负责人电话，说田坪现在降雨太大了，估计会形成第二次洪峰，通知下游做好防范；1 时 21 分再一次电话通知鲤鱼河沿岸的中心（6121249）、荣将（6471032）、石龙坝（6431021）等自动监测站点值班人员，鲤鱼河上游降雨很大，可能会形成第二次洪峰，请通知辖区内沿河村民起来巡查房前屋后，有危险立即转移；1 时 41 分第二次洪峰到达县城河段；3 时 59 分左右第二次洪峰开始缓慢消退。

田坪村"2015·9·15"山洪灾害的成灾中心在田坪村 1~7 组，片区布设有 1 个简易雨量监测站，配备有手摇报警器、哨子、强光电筒，站点位置在 4 组组长家院子内，1 组到 4 组之间相距 3.5km。降雨达到Ⅰ级预警临界值发出报警时，用手摇报警器发出Ⅰ级报警信号，4 组、3 组、2 组群众立即转移，相距较远的 1 组及 2 组沟边住户，因听不到较强的报警声，错过了避险的最佳时机。

点评：

由于特殊地理位置，云南华坪县是山洪灾害易发区之一，此次灾害是发生时间较晚（9 月中旬）且有人员死亡的典型案例。近年来，西南地区主汛期过后（9—10 月）发生局部短历时降雨引发的山洪灾害可能性依然存在，要引起足够的重视。

此次暴雨属于小面积、高量级的局地暴雨，短期内暴雨大暴雨集中，前期雨量充沛。时段降雨强，场次暴雨中时段降雨强度特别大，最大 1h 降水量为 83.6mm，降雨级别达到 100 年一遇。灾害发生区域内没有水利部门建设的自动雨量监测站点，而水文、气象部门的监测数据不能及时通过监测预警信息平台发送，该区域的数据监测形成空白地带。

手摇报警器等简易预警设备发挥作用。本次灾害过程中采用了手摇报警器、预警广播喊话、电话通知乡（镇）值班员三种预警方式报警，可是，当晚电闪雷鸣，大风加暴雨，田坪村早已断电，预警广播喊话失败，电话通知只到乡级，仅有手摇报警器报警发挥作用，但由于手摇报警器信号传输距离有限，导致部分村组无法听到预警，错过了避险的最佳时机。

资料来源：

华坪县水利局. 华坪县田坪村"9·15"山洪灾害调研报告。

和菊芳，丁德美. 云南华坪"9·15"特大暴雨山洪灾害调查分析 [J]. 水利水电快报，2018，39（2）：13-15。

5.16　福建闽清、永泰县"2016·7·9"山洪灾害

2016 年 7 月 9 日，受第 1 号台风"尼伯特"影响，福建省闽清县、永泰县遭受特大暴雨袭击，引发历史最大洪水。闽清县梅溪站水位 1h 上涨 4.25m，洪峰水位为 26.48m，超警戒水位 10.68m，超保证水位 5.18m，洪水量级超 100 年一遇，造成城区和 12 个乡（镇）受淹，灾害严重。永泰清凉溪流域最大洪峰流量可达 180 年一遇。

5.16.1　台风情况

台风"尼伯特"是有历史记录以来最强的 1 号台风，也是首个登陆福建省的 1 号台风，生成时间之晚仅次于 1998 年的 1 号台风。2016 年 7 月 9 日 13 时 45 分，台风"尼伯特"在石狮市沿海登陆，并长时间滞留，造成极为严重的危害。

台风"尼伯特"主要有三个特点：

（1）发展迅速，强度超强。4日20时至5日20时，"尼伯特"在24h内，从热带风暴迅速加强为超强台风，鼎盛时达到17级（风速为68m/s）；登陆并穿过台湾岛后，强度有所减弱，但仍维持在14级。

（2）路径稳定，来势迅猛。"尼伯特"长时间维持30km/h的速度直逼福建省，导致防御准备时间十分有限。

（3）徘徊滞留，影响广泛。"尼伯特"登陆台湾省后，移动速度锐减，其云系长时间滞留上空，从7日夜里开始影响福建省，至10日上午离境，历时超过48h，影响波及该省海陆全境。

由于台风"尼伯特"登陆之前，受到台湾岛地形影响，在中部沿海形成台风本身的偏南气流与另一支绕过台湾岛，经海峡北部的东偏北气流的汇合区；并且高层伴有强辐散条件。由于高层引导气流向西北，伴随台风的西北行，强降水区向北偏西移动，先后影响莆田、永泰和闽清。两支不同属性气流的交汇区，引发了历史罕见的突发性、局地性的强暴雨。这与200519号台风"龙王"、201111号台风"南玛都"和201513号台风"苏迪罗"有相类似的环流特征。

5.16.2 雨情

5.16.2.1 闽清县

闽清县受"尼伯特"台风环流影响，遭遇突破历史记录的特大暴雨。

（1）时段集中。暴雨从7月8日至12日持续了4天时间，但主要降雨集中在9日8—12时的短短4h内。

（2）雨量极大。降雨覆盖闽清梅溪流域，7月9日0—23时，流域内9个站点过程雨量均超199mm，最大为塔庄站达297mm，为历史之最；流域平均过程降雨量高达238mm，详见表5.20。

表5.20　　　　　**闽清县梅溪流域7月9日0—23时逐时降雨量**　　　　　单位：mm

时间	柿兜	金沙	白中	上莲	后佳	塔庄	省璜	闽清	岭里水库	算术平均
1时	0.5	0.5	0	0.5	2	0	0.5	0.5	0.5	0.6
2时	3	0.5	1	0.5	2	1.5	1	2	4	1.7
3时	4.5	2	3	5	6	6	5	3	6	4.5
4时	10	4	4.5	7.5	7.5	9	7.5	6.5	8.5	7.2
5时	4	3	3		1.5	3	1	4	3	2.8
6时	1.5	1	1.5	3.5	3	2.5	4	0.5	6	2.6
7时	0	0	0.5	1.5	2.5	1.5	2.5	0	4	1.4
8时	5.5	0.5	1.5	6	4	4.5	10	0.5	28	6.7
9时	41	26	37.5	31.5	18	57	53.5	19	73	39.6
10时	71.5	55	60	45	32.5	72.5	59	36.5	46.5	53.2
11时	55.5	60	67.5	63	42	82.5	62.5	46.5	40.5	57.8
12时	34.5	39	37.5	38	48.5	43	23	57.5	16	37.4

时间	柿兜	金沙	白中	上莲	后佳	塔庄	省璜	闽清	岭里水库	算术平均
13 时	20.5	20.5	18	13.5	11	4.5	4.5	38.5	3.5	14.9
14 时	3	3	4.5	1.5	2	2.5	0.5	4	0	2.3
15 时	0.5	0.5	0.5	0.5	0	1	0	0	1	0.4
16 时	0.5	0	0	1	2	2	1	0	1.5	0.9
17 时	1.5	1	1	0	3	2	1	1.5	1.5	1.4
18 时	0.5	0.5	0	1	0.5	0.5	0.5	2.5	0	0.6
19 时	0.5	0	0	0	0	0	0	0	0	0.3
20 时	0	0.5	0	4	0.5	0.5	0	0	0.5	0.7
21 时	0	0	0	1.5	0	0	0	0	0	0.2
22 时	0.5	0	0.5	0	2.5	0	0	0	0.5	0.6
23 时	0	0	0	0	1	0	0	0	0.5	0.2
累积	259	217.5	242	218.5	198.5	297	237.5	223.5	245.5	238

（3）强度极强。闽清县塔庄站最大 1h 降雨量为 82.5mm，历史排名第 2，重现期约 40 年；最大 3h 降雨量达 212mm，比历史极值多 80mm。闽清县部分站点暴雨分析统计见表 5.21。

表 5.21　　　　　　　　　　　闽清县部分站点暴雨分析统计

站名	最大 1h		最大 3h	
	雨量/mm	出现时间	雨量/mm	出现时间
塔庄	82.5	10：00—11：00	212.0	8：00—11：00
省璜	62.5	10：00—11：00	175.0	8：00—11：00
岭里	73.0	10：00—11：00	160.0	8：00—11：00
闽清	57.5	11：00—12：00	142.5	10：00—13：00
上莲	63.0	10：00—11：00	146.0	9：00—12：00
柿兜	71.5	9：00—10：00	161.5	8：00—11：00
金沙	60.0	10：00—11：00	154.0	9：00—12：00
白中	67.5	10：00—11：00	175.0	9：00—12：00

5.16.2.2　永泰县

截至 7 月 9 日 11 时，21 个乡镇降雨量均超过 100mm，超 200mm 的乡镇有 10 个，其中 100mm 以上的站点有 15 个。红星站 3h 最大降雨量为 282mm，4h 最大降雨量为 298mm；丹云站 1h 最大降雨量为 115.5mm。降雨主要集中在丹云乡、红星乡、葛岭镇、清凉镇、大洋镇、长庆镇、洑口乡、嵩口镇、樟城镇、梧桐镇、赤锡乡。受此次台风暴雨影响，多条支流水位均上涨，清凉溪水位最大上涨 10m，经实测断面分析计算，清凉溪流域洪峰流量为 1928m³/s，根据《福建省大樟溪流域（福州段）防洪规划报告》中太平口最大流量频率曲线图，此次"尼伯特"台风影响清凉溪流域最大洪峰流量可达 180 年一遇。九老溪南洋坝洪峰流量为 814m³/s，台口溪 2 号坝洪峰流量为 1235m³/s，九老溪及台口流域洪水达 300 年一遇。大樟溪城关水位为 32.54m，超警戒水位 1.54m。全县小（1）型以上水库基本泄洪。

降雨主要集中在 7 月 9 日 7—11 时，降雨强度之大、降雨时段集中历史罕见。部分站点 1h 降雨量见表 5.22。

表 5.22　　　　　　　永泰县部分站点 7 月 9 日 1h 降雨量

站名	时　段	降雨量/mm
红星	7：00—8：00	16
	8：00—9：00	98
	9：00—10：00	94
	10：00—11：00	90
丹云	7：00—8：00	48
	8：00—9：00	95
	9：00—10：00	115.5
	10：00—11：00	34.5
清凉	7：00—8：00	79
	8：00—9：00	77
方广水库	7：00—8：00	99
	8：00—9：00	79
	9：00—10：00	64
葛岭	7：00—8：00	84
城关南门	7：00—8：00	80
岭路	7：00—8：00	70.5
芭蕉	7：00—8：00	76
赤锡	7：00—8：00	79
游洋	7：00—8：00	115
梧桐	7：00—8：00	74
下铺	7：00—8：00	95
大洋	7：00—8：00	48
	8：00—9：00	58

5.16.3　水情

短历时、高强度降雨，导致闽清县梅溪流域水位暴涨，发生特大洪水。梅溪闽清水文站 9 日 8 时起涨，15 时 30 分洪峰水位为 26.48m，超警戒水位 10.68m，超保证水位 5.18m，涨幅达 12.73m，历史排名第一位。洪峰流量为 4730m³/s，重现期超 100 年，历史排名第一位。特别是此次洪水陡涨陡落，涨率极大，危害性大。最大 1h 水位涨 4.25m（11—12 时），最大 2h 水位涨 7.21m（10—12 时），最大 3h 水位涨 9.37m（10—13 时）。

强降雨发生后迅即汇流形成流域性洪水，流域下游的闽清水文站峰现时间为 15 时左右，最高洪峰流量约为 5000m³/s，最高洪水位达 26.48m，超警戒水位 10.68m，上游塔庄、坂东、白樟、三溪等乡镇约 11—12 时出现洪峰，见图 5.14 和图 5.15。经复核该场洪水为 100 年一遇。

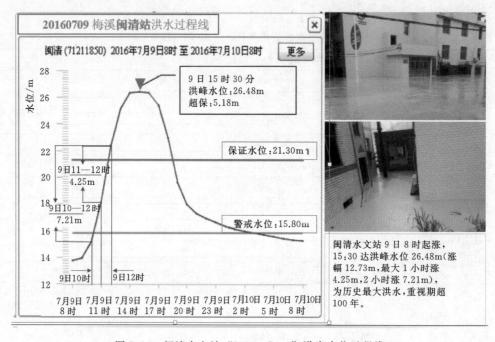

图 5.14　闽清水文站"2016·7·9"洪水水位过程线

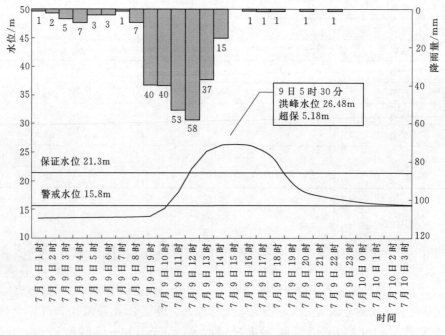

图 5.15　闽清水文站"2016·7·9"洪水雨洪过程线

5.16.4 灾情

截至 7 月 17 日，闽清县受淹土地面积约为 $12km^2$，农作物受灾面积约为 7.95 万亩，房屋倒塌 8299 间，电力通信杆线倒伏 1200 根，变压器倒塌 7 个，道路塌方 1200 余处，山体冲毁 232 处，滑坡 285 处，各类水利设施损毁经济损失约为 14.16 亿元。城区防洪堤台山大桥段垮塌百余米，溪口部队双桥右桥垮塌，公路桥梁损毁 15 座。受灾人口为 11.69 万人，转移群众 34397 人，死亡 73 人，失踪 17 人，经济总损失约为 52.3 亿元。

据气象局、水文局专家介绍，这次强降雨造成的人员死亡或失踪主要原因是短时强降雨和闽清县特有的地形地貌造成的，所有的降水从山上汇集到狭长的梅溪流域，使得梅溪水位在1h涨了4.20m，2h涨了7.70m，3h涨了9.98m。

5.16.5 防御过程

5.16.5.1 预警发布

1. 闽清县

7 月 9 日，闽清暴雨洪水台风预警报系统雨量测站产生预警 12 条（图 5.16），并且向县、乡镇、村各级防汛责任人发送预警共 296 条短信，因预警系统短信群发设备不稳定问题，故预警短信发送均失败。闽清县预警中心工作人员就此情况，根据预警信息，直接电话点对点与各乡镇进行预警，并通过闽清县气象局短信群发系统向县防指成员单位领导、各乡镇主要领导、乡镇分管领导、各村（居委会）主要干部和各山塘水库防汛责任人等人员和在建工程负责人等发送暴雨橙色预警。此次台风暴雨期间，系统对 8 个乡镇以及县本级自动产生内部预警，个别乡镇启动外部预警，经防汛办工作人员核实无误后，手动进行外部预警。

图 5.16　闽清县"2016·7·9"山洪预警信息发送情况

2. 永泰县

7 月 9 日 5—11 时，永泰县暴雨洪水台风预警报系统雨量测站预警 36 条（图 5.17），其中危险雨量 23 条，警戒雨量 13 条，并且向县、乡镇、村各级防汛责任人发送预警共

432 条短信。本次台风暴雨期间，系统对 9 个乡镇以及县本级自动产生内部预警，经防汛办工作人员核实无误后，手动进行外部预警。

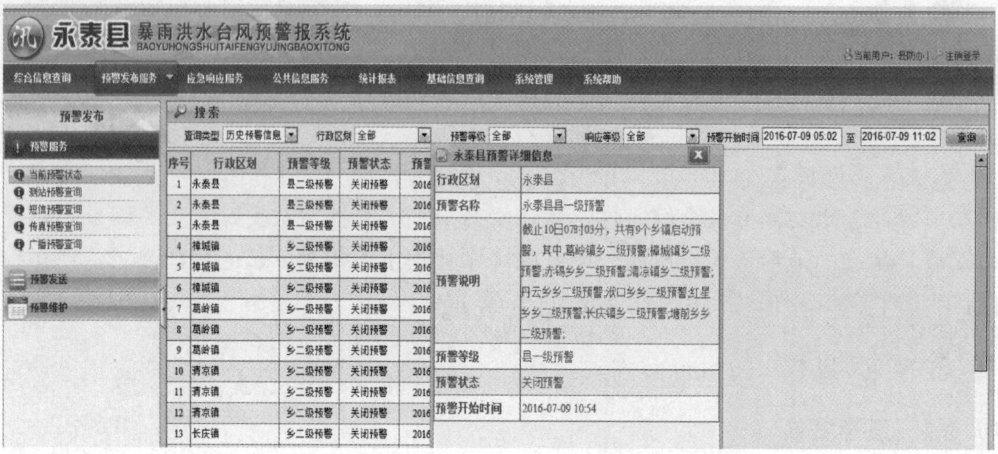

图 5.17　永泰县"2016·7·9"山洪预警信息发送情况

5.16.5.2　应急响应

在获悉台风预报信息后，闽清县委、县政府主要领导立即作出批示，要求各级各部门立即进入紧急状态，认真做好防御工作，并按照福建省、福州市防指的要求，于 7 月 6 日 11 时启动了防台风Ⅳ级应急响应。闽清县防汛办陆续将福建省、福州市防指内部明电、各级领导指示精神，迅速传达贯彻到各乡镇、各有关单位，并要求全县各级各部门加强 24h 应急值班，全力防台抗台。7 月 6 日 18 时启动防台风Ⅲ级应急响应，要求各乡镇、各单位所有的防御准备工作在 7 日 18 时之前落实到位。7 月 7 日 10 时启动防台防暴雨Ⅱ级应急响应。7 月 9 日 11 时启动防台防暴雨Ⅰ级应急响应。要求各乡镇及有关单位按照部署，全部在岗待命，进入Ⅰ级迎战状态。7 月 9 日上午 8 时起闽清县持续强降雨，因降雨强度大，闽清县防汛办工作人员通过闽清县暴雨洪水台风预警系统监测的降雨信息直接电话点对点与各乡镇进行预警，要求做好低洼地带、地灾点、沿河村落、危房人员转移和安全防范工作。县级监测预警平台向各级责任人发送预警信息，紧急转移人员 3.4 万人，有效减少了人员伤亡和财产损失。

永泰县 7 月 7 日下午 18 时前，清凉镇已组织低洼地带、危房危屋、地质灾害点人员 89 人，并妥善安置在避险点。7 月 9 日上午，接到永泰县防汛办预警信息后，各村通过手摇警报器、鸣锣等方式，由包村干部、村主要干部紧急组织转移受山洪威胁群众 500 多人。旗山村支书记在组织群众转移过程中被突发山体滑坡泥石流冲走身亡。由于洪水量级大、涨势快，从未受淹区域人员转移不及时，造成一定人员伤亡。

点评：

我国沿海受台风威胁地区面积 129.77 万 km^2，地级以上城市就有 115 个，影响人口达 6 亿人；涉及国内生产总值（GDP）达 30.53 万亿元，占全国 GDP 总数的 64%。据 2011 年统计数据，平均每年要有 23 个热带气旋生成，7 个在我国沿海登陆，最多年份登陆个数达 12 个（1971 年）。台风可带来非常强的降雨过程。一天之中可降 100～300mm 的大暴雨，一些地方可达 500～800mm，台风登陆带来强降水在山区极易诱发山洪泥石流等灾害。福建闽清、永泰县此次山洪灾害是台风造成山洪灾害的典型案例。

（1）降雨量集中。暴雨从 7 月 8—12 日持续了 4 天时间，但主要降雨集中在 9 日 8—12 时的短短 4h 内。9 日 7—11 时清凉溪上游各雨量站实测降雨量达 194.6～296mm，造成沿溪洪水猛涨猛落。

（2）雨量极大。降雨覆盖闽清梅溪流域，7 月 9 日 0—23 时，流域内 9 个站点过程降雨量均超 199mm，最大降雨量为塔庄站，达 297mm，为历史之最。流域平均过程降雨量高达 238mm。

（3）强度极强。闽清县塔庄站最大 1h 降雨量为 82.5mm，历史排名第二位，重现期约为 40 年；最大 3h 降雨量达 212mm，比历史极值多 80mm；省璜站最大 3h 降雨量达 175mm，历史排名第一位，重现期超 100 年。

（4）防洪标准低。除已有防洪堤达 20 年一遇的防洪标准外，其余均为现状滩地或自然形成的驳岸，处于不设防状态，无法抵御超 100 年一遇的洪水。

（5）行洪河道受阻。洪水暴涨过程中，将河岸边竹子、树木等冲倒拔走堵塞沿溪桥梁桥孔，且沿溪河岸边违规修建房屋等因素影响，阻碍了河道泄洪能力，导致抬高了洪水位。

资料来源：

永泰县水利局. 福建省永泰县"7·9"暴雨洪水调研报告。

闽清县水利局. 福建省闽清县"7·9"暴雨洪水调研汇报。

5.17 河北石家庄、邢台"2016·7·19"山洪灾害

2016 年 7 月 19 日，河北省出现自 1996 年 8 月以来最强暴雨过程，自西南至东北普降暴雨到特大暴雨，部分山区河道及大型水库入库洪峰达 20～50 年一遇甚至 100 年一遇。由于此次洪水来袭凶猛，全省 40 座小型水库局部受损，3951 处（1661.09km）堤防损坏，河道超负荷行洪，大陆泽、宁晋泊、献县泛区等蓄滞洪区被迫滞洪，洪水造成直接经济损失 574.57 亿元[26-29]。

5.17.1 雨情

此次暴雨沿太行山丘陵区分布，主要降雨中心有 3 处，分别为邯郸磁县、峰峰矿区一带，邢台临城一带，石家庄赞皇、井陉一带。暴雨中心雨量大，其中，磁县陶泉乡 783mm，峰峰矿区北响堂站 681mm，临城县上围寺站 677mm，赞皇县嶂石岩 721mm，井陉县苍岩山 651mm。

7 月 19 日 0—24 时，邯郸、邢台、石家庄 3 市西部及保定市西南部降大暴雨，降雨量超过 100mm；7 月 20 日 0—20 时，雨区东移，承德西南部、唐山、秦皇岛 2 市大部，廊坊全部，保定东北部以及石家庄、衡水、沧州、邢台 4 市局部降雨量超过 100mm，暴

雨中心北京市房山区南窖站 335mm，涿州市区 243mm，高碑店市樊庄站 241mm；7 月 20 日 20 时至 21 日 8 时，河北东北部降雨持续，秦皇岛大部及承德、唐山两市局部降雨量超过 50mm；7 月 20 日 8 时至 21 日 8 时，秦皇岛普降暴雨，局部降雨量超过 300mm，暴雨中心海港区城子峪站 311.2mm、平房峪站 371mm、刘家房站 334.2mm、青龙县山神庙站 358.2mm、马岭根站 366.2mm、牛心山站 318.8mm、下湾子站 333.6mm；7 月 21 日 8 时，河北全省降雨基本结束。

此次强降雨过程共历时 56h，持续时间小于"1963·8"暴雨（历时 7 天）和"1996·8"暴雨（历时 3 天）。受灾最重的邯郸、邢台、石家庄 3 市强降雨持续时间均小于 30h。

此次降雨强度之大，历史罕见。阜平县塔沟水库最大 1h 降雨量为 177mm，磁县同义站最大 3h 降雨量为 264mm，平山县马中水库最大 6h 降雨量为 363mm，临城县上围寺站最大 24h 降雨量为 655mm，磁县陶泉乡站降雨量为 783.4mm，重现期超过 500 年，1h、3h、6h、24h 暴雨强度均超过 2012 年"7·21"暴雨和"1996·8"暴雨。历史上特大暴雨短历时降雨强度比较见表 5.23。

表 5.23　　　　　历史上特大暴雨短历时降雨强度比较　　　　　单位：mm

历次大暴雨	最大时段降雨量			
	1h	3h	6h	24h
"2016·7·19"	177	264	363	783.4
"2012·7·21"	87	168	275	379
"1996·8"	99	246	336	589
"1963·8"	—	218	426	950

此次暴雨石家庄、邢台、衡水、唐山、秦皇岛、廊坊、保定等 7 个市全部区域，邯郸中西部及沧州局部、张家口东南部、承德南部降雨量均超过 100mm，笼罩面积为 11.46 万 km²，见表 5.24。

表 5.24　　　　"2016·7·19"降雨笼罩面积与历史暴雨笼罩面积比较

降雨量等级/mm	笼罩面积/km²			
	"2016·7·19"	"2012·7·21"	"1996·8"	"1963·8"
100	114600	49150	64600	153000
200	36400	15410	17800	101680
300	8400	1484	9280	75450

5.17.2　水情

此次洪水流量大、总量小、来势猛。漳卫河水系、子牙河水系、大清河水系等河系洪峰流量普遍较大。洺河临洺关站、冶河微水站实测洪峰流量达 50 年一遇，部分支流小河调查洪峰流量达 100 年一遇。漳河、滏阳河、冶河部分支流洪峰流量较大，与"1963·8"洪水、"1996·8"洪水比较，漳河观台、冶河微水两站洪峰流量均超过"1963·8"的洪水。漳河支流关防沟、都党沟，滏阳河支流洺河、路罗川、七里河，滹沱河支流小作河、温塘河洪峰流量均超过"1996·8"洪水,见表5.25。

表 5.25 重点河段水文站洪峰流量统计

水系	河流		站名	流域面积/km²	"2016·7·19"		"1963·8"洪峰流量/(m³/s)	"1996·8"洪峰流量/(m³/s)
					洪峰流量/(m³/s)	重现期/a		
清卫河	清漳河		匡门口	5060	775	10		5250
			关防沟	215	2600	50		1180
	漳河		都党沟	126.6	1910			390
			观台	17800	6150	30	5470	8510
子牙河	滏阳河	洺河	临洺关	2300	5710	40	2300	3460
		路罗川	坡底	283	1650			1120
		七里河	107公路桥	373	2180	100		1110
		白马河	王家庄	420	1580			1820
		槐河	马村	745	1100		3580	4520
		牤牛河	木鼻	275	335			
	滹沱河	冶河	微水	4948	8500	50	7270	12200
		冶河	平山	6420	8340		8900	13000
		小作河	小作村	300	2010	100		643
		甘秋河	小米峪	22.3	564	300		
		古月河	中古月	26.5	719	200		
		温塘河	霍宾台	78.1	1310	100		529
		滹沱河	小觉	14000	674		872	2370

暴雨形成洪量 46.73 亿 m³,相当于"1996·8"洪水(72.07 亿 m³)的 64.8%、"1963·8"洪水(270.20 亿 m³)的 17.3%,见表 5.26。从区域看,此次洪水主要发生在海河流域南系(漳卫河、子牙河、大清河)及北三河系(潮白河、北运河、蓟运河)及滦河水系,而"1963·8"洪水、"1996·8"洪水只发生在海河流域南系。暴雨中心下移,是此次洪水总量相对偏小的原因之一。

表 5.26 "2016·7·19"洪水总量与历史洪水比较

水系	洪水总量/亿 m³		
	"2016·7·19"	"1996·8"	"1963·8"
漳卫河	2.80	15.78	52.36
子牙河	20.54	37.75	137.10
大清河	6.32	18.54	80.74
北三河	1.62		
滦河	15.45		
合计	46.73	72.07	270.20

选取临洺关、观台、微水、小觉、马村等典型站，与"1963・8"洪水、"1996・8"洪水涨洪历时（洪水开始起涨至洪峰流量出现的时间）进行比较，"2016・7・19"洪水上涨快、来势猛。漳河观台水文站涨洪历时仅为 10h，比"1963・8"洪水、"1996・8"洪水分别快 35h、110h，该站从 7 月 19 日 8 时开始起涨，19 日 13 时洪水上涨迅猛，平均每小时增加 1025m³；洺河临洺关站自起涨到洪峰仅历时 2.5h，见表 5.27。

表 5.27　　　　　　　　　　　　典型站涨洪历时统计

河名	站名	历次洪水涨洪历时/h		
		"2016・7・19"	"1996・8"	"1963・8"
漳河	观台	10	45	120
洺河	临洺关	2.5	35	52
路罗川	坡底	4.0	44.5	
汦河	西台峪	2.5	42.5	
槐河	马村	1.8	6	40
冶河	微水	13	44	81
滹沱河	小觉	9.1	56	82.5

5.17.3　灾情

河北省内石家庄、邢台等地部分地区出现洪涝灾害，并引发多起滑坡和泥石流灾害，部分受灾群众被围困，出现人员死亡和失踪。河北全省 11 个设区市的 149 县（市、区）和定州市、辛集市受灾，受灾人口 904 万人，因灾死亡 114 人、失踪 111 人，紧急转移安置 30.89 万人，倒塌房屋 5.29 万间，损坏房屋 15.5 万间，农作物受灾面积 72.35 万hm²，绝收面积 3.0 万 hm²，因灾造成直接经济损失达 163.68 亿元。

2016 年 7 月 19—20 日，河北省井陉县平均降雨量达 545.4mm，局部区域达 688.2mm，仅 1d 的降雨就超出 2015 年全年降雨量，百年罕见。全县大小河道洪水暴涨，因山洪死亡 41 人，失联 55 人，17 乡镇、4.8 万户、16.6 万人受灾。仅乡镇不完全统计，损失就达 40 多亿元。

5.17.4　防御过程

1. 及时安排部署

结合雨情动态变化情况，河北省防指连续 6 次印发紧急通知，要求各地充分认识严峻形势，落实责任，重点做好山洪地质灾害易发区、小型水库、尾矿库、城市内涝等重点部位、薄弱环节的防范和群众转移避险、抢险队伍及物料调配等准备工作，最大程度减少灾害损失。河北省防指向邯郸、邢台、保定、唐山、秦皇岛分别派出工作组和专家组，各市也向受灾县派出了工作组，督促指导做好防灾减灾工作。

2. 启动应急响应

根据汛情发展形势，7 月 19 日 20 时，河北省气象台发布暴雨红色预警；21 时河北省防指启动Ⅲ级防汛应急响应；20日5时，河北省国土厅与省气象局联合发布地质灾害气象风险预警；河北省减灾委启动了自然灾害救助Ⅳ级响应，交通、电力、通信等部门也分别启动了相应级别的应急响应；邯郸、邢台、石家庄、保定4市根据当地汛情、灾情和降雨情况，启动了Ⅳ级以上防汛应急响应，并按照应急响应要求，全力开展抗洪抢险救灾工作。

3. 及时预警

66个山区县依托已建成的山洪灾害监测预警平台，提早发布预警3700多次、预警广播1.8万次、预警短信1363万条；水文部门滚动作出洪水预报500多站次，及时发布雨水情短信6万条，为预警转移提供了可靠数据支撑；防汛、气象部门间密切协作，实现了雨水情信息共享，及时组织会商，科学研判汛情发展态势，为防汛调度决策提供有力保障。通过超前预警，河北全省共转移群众53.09万人。

4. 迅速转移群众

把确保人民群众生命安全放在首位，相关市（县）及时、有序组织受威胁区域群众转移避险。截至7月22日8时，全省转移群众31.02万人，其中邯郸17.4万人、邢台10.96万人、石家庄2.4万人、保定0.26万人。同时，积极做好善后安置工作，确保已转移避险群众有饭吃、有地方住、有干净水喝，基本生活得到有效保障。

5. 科学调度洪水

充分发挥水库闸涵拦洪削峰和蓄滞洪区分洪滞洪作用，根据上游来水情况和下游河道承受能力，在确保工程安全的前提下，科学组织调度，降低洪水威胁。对22座超汛限大中型水库，各级按照调度运用计划实施了科学调度，最大拦蓄洪水12.66亿 m^3，有效缓解了下游防洪压力。20日上午适时启用了宁晋泊蓄滞洪区。

点评：

河北省这次强降雨来势猛、影响范围广，造成损失大，引发山区山洪滑坡、泥石流暴发，灾害损失大于平原区，且灾害死亡人数中大部分是由于山洪灾害死亡。

虽然"2016·7·19"特大暴雨过程在降雨强度与影响范围方面均超过了"1996·8"特大暴雨过程，但由于各级政府高度重视，河北省防汛抗旱指挥部和气象灾害防御指挥部应急联动部署，准确预报、预警，再加上水库有效削减洪峰，基层干部行动果断，有序开展了人员转移和洪水调度等各项工作，使受灾人口、倒塌房屋、农作物受灾面积、农作物成灾面积等均低于"1996·8"洪水。

此次洪水主要集中在河北省西部地区，上游山区大中型水库在拦蓄洪水、削减洪峰中发挥了显著作用，效果明显，给下游减少洪涝灾害损失及群众的及时转移提供了保障。综合上述暴雨特性分析可见，河北特大暴雨发生时间和中心移动路径存在相似之处。今后防汛工作重点，应落在时间上对"七下八上"主汛期发生西部山区山洪灾害上。此次洪水流量大、来势猛，虽洪水总量与"1963·8"洪水、"1996·8"洪水相比较小，但给人民群众的生命及财产安全造成了巨大损失，应引起全社会的高度重视和警觉。

防洪意识薄弱。河北十年九旱，20年未发生流域性大洪水，一些干部群众存在麻痹思想和侥幸心理，缺乏防洪避险经验，对暴雨洪水的突发性、致灾性警惕不够，对抗洪抢险的复杂性、艰巨性认识不足。同时，个别地方的领导干部责任落实不到位，对暴雨洪水重视不够、预判不足，对险情应对不力，处置不当，防范措施不到位。

资料来源：

张鹏. 河北省 2016 年 "7·19" 暴雨洪水特性分析 [J]. 水利规划与设计，2017（11）：95-97，117.

孙玉龙，张素云，赵铁松，等. 河北省 "7·19" 特大暴雨灾害评估和分析 [J]. 中国水利，2018（3）：44-45.

王艳丽. 河北省 "7·19" 暴雨与历史暴雨对比分析 [J]. 水资源开发与管理，2018（1）：17-18，3.

河北省防汛抗旱指挥部. 2016年燕赵儿女抗洪实录。

5.18　吉林永吉县 "2017·7·13" 山洪灾害

2017 年 7 月 13—14 日、7 月 19—20 日、8 月 2—3 日，吉林省永吉县温德河流域在一个月内发生了 3 次中小河流洪水和山洪灾害，县城两次被淹，十分罕见。其中 7 月 13—14 日的洪峰口前水文站水位达 228.05m，超堤顶高程（226.00m）2.05m，超保证水位（224.2m）3.85m，吉林水文局估算流量为 3350m³/s，超 2010 年 "7·28" 洪水的流量（3120m³/s），位历史第一位。据统计，3 次灾害共造成全县 2562 间房屋倒塌，受灾人口累计达 61.53 万人次，3 次洪水造成永吉县直接经济损失达 178.26 亿元，是 2015 年县域 GDP（102.95 亿元）的 1.73 倍。

5.18.1　雨水情与成灾机理

温德河流域是第二松花江左岸一级支流，发源于永吉县五里河镇的肇大鸡山西北侧，出源后北流，经永吉县城口前镇、吉林市丰满区二道乡，在吉林市丰满区注入第二松花江。温德河全长 64.5km，集雨面积为 1179km²，河道比降为 2.9‰。流域地势由南向北倾斜。河道控制站口前水文站位于温德河下游，断面以上流域面积为 830km²。对永吉县城造成影响的还有温德河的支流四间河和巴虎河。四间河集雨面积为 94.7km²，河道长度为 20.3km，河道坡度为 9.7‰，四间河穿过口前镇城区，在口前水文站下游 1km 处与温德河汇合。巴虎河穿过永吉县经济开发区，流域面积为 39.7km²，河道长度为 12.2km，河道坡度为 10.3‰，巴虎河在四间河河口下游约 2km 处汇入温德河。

5.18.1.1　7 月 13—14 日降雨和洪水过程

7 月 13 日 8 时，永吉县温德河流域出现局地降雨，降雨锋面从温德河流域南部向北部发展，与温德河流向相同，呈现 "雨水同向" 的趋势。13 日 17 时，降雨减弱，部分地区降雨停止。13 日 18 时强降雨再起，此时段降雨集中于春登河流域到四间河流域，到 14 日 4 时，降雨趋于结束。整个过程温德河流域面平均降雨量为 181.5mm，其中四间河流域面降雨量为 260mm，最大 1h 降雨量为 93mm（口前镇黑屯水库站），最大点降雨量为 331.5mm（口前镇新华水库站）。此次降雨过程口前水文站 13 日 21 时 25 分水位达

260.00m，洪水开始漫过堤顶。14日0时，口前水文站信息中断。据吉林省水文局推测，口前水文站14日0时出现洪峰，水位达228.05m，估算流量为3350m³/s。13日22时至14日0时，温德河洪峰和四间河、巴虎河洪峰接连遭遇，特别是温德河和四间河穿越口前镇，再加上巴虎河洪水顶托，导致永吉县县城口前镇城区约90%面积被淹，水深达2～3m。

5.18.1.2 7月19—20日降雨和洪水过程

7月19日17时至20日15时，永吉县再度出现暴雨天气，降雨总历时为23h。温德河流域面平均降雨量为153.0mm，最大1h降雨量为103mm（口前镇金二水库站），最大点降雨量为339.5mm（西阳镇红石岭水库站）。本次降雨有两次明显的过程，第一轮降雨从19日17时至20日1时，暴雨中心沿着温德河流域四周顺时针转动，于20日凌晨在北方徘徊，从20日2时，开启了又一轮强度更大、范围更广的降雨。其中20日2—3时降雨分布范围最广，在2时降雨主要集中在春登河流域周边。20日5—8时，降雨主要集中在西阳河流域周边，9时之后，降雨向北方移动逐渐减小。口前水文站20日4时20分水位达到226.00m，洪水开始漫堤。20日5时15分水位达到最高值226.80m，之后水位开始回落，在20日9时再次开始回涨，10时水位涨至226.00m后回落。此次洪水导致永吉县城再次受淹，受淹面积约占城区的70%，水深为0.6～2m。

5.18.1.3 8月2—3日降雨和洪水过程

8月2日20时至3日21时，永吉县第三次出现暴雨，此次雨量较小，温德河流域面平均降雨量为127.4mm，最大1h降雨量为53.5mm（西阳镇小朝阳水库），最大点降雨量为180mm（北大湖镇小屯水库站）。温德河口前水位站于8月3日1时水位起涨，3日8时水位达到最高值224.98m，超警戒水位（224.00m）0.98m，相应流量为942m³/s，之后水位迅速回落，3日14时水位为221.36m，低于警戒水位1.64m。

5.18.2 暴雨洪水机理初步分析

永吉县建设了大量雨量和水位自动监测站，加之已实现共享的水文气象站点，自动雨量站点密度高达15.4km²/站，其中山洪灾害自动雨量站报汛时长为5min。基于永吉县布设的85个山洪灾害雨量水位监测站点和86个水文气象站点信息，以及口前水文站实测资料，采用分布式水文模型模拟了3场降雨和洪水过程，各断面的流量见表5.28。

表5.28　　　　　　　　　　　3场洪水过程有关断面模拟结果

场次	日期	时间	实测流量/(m³/s)	模拟流量/(m³/s)				
			A1	A1	A2	A3	B1	C1
1	7月13日	21：00	1850	1400	1797	1656	397	301
		22：00	2500①	2561	3447	3169	886	532
		23：00	2750①	3536	4621	4833	1085	498
	7月14日	0：00	3350①	3715	4456	5239	741	281
		1：00	3150①	3339	3849	4639	510	180

场次	日期	时间	实测流量 /(m³/s)	模拟流量/(m³/s)				
			A1	A1	A2	A3	B1	C1
2	7月20日	3：00	1250	1410	1633	1630	223	295
		4：00	1940	2253	2702	2730	449	345
		5：00	2430①	2472	2946	3383	474	257
		6：00	2300①	2210	2584	3241	374	167
		7：00	1830	1804	2065	2662	261	109
3	8月3日	7：00	774	618	709	682	91	56
		8：00	942	932	1050	1067	118	72
		9：00	739	1005	1113	1233	108	58
		10：00	517	868	956	1123	88	47

　　注　A1 为温德河口前水文站断面，A2 为四间河与温德河汇流处断面，A3 为巴虎河与温德河汇流处断面；B1 为四间河下达村断面；C1 为巴虎河开发区断面。
　　①　吉林省水文局估算值。

　　通过水文模型模拟，7 月 13 日 23 时四间河（口前镇下达村段）出现洪峰，计算洪峰流量为 1085m³/s，洪峰模数达 11.4，四间河洪峰进入温德河后，温德河口前站流量达 4621m³/s。7 月 14 日 0 时，温德河口前水文站出现最高水位，此时四间河流量为 741m³/s，温德河与四间河汇流处流量为 4456m³/s。计算结果表明，温德河和四间河洪峰在口前镇遭遇。此外，由于巴虎河在 13 日 22 时至 14 日 0 时流量较大，顶托了温德河河水下泄，也加重了口前镇淹没危害。

　　通过计算分析还发现，"2017·7·20""2017·8·3"两场洪水也存在同样现象，温德河、四间河在口前镇河段洪峰出现时间接近，温德河和四间河直接冲击县城，巴虎河顶托洪水下泄。

5.18.3　灾情

　　7 月 13—14 日洪水灾害造成了 31 人死亡失踪。7 月 19—20 日、8 月 2—3 日两场洪水灾害没有造成人员伤亡。根据事后调查，受山洪灾害冲淹严重的四间河、巴虎河、春登河等沿线村庄没有发生一起人员伤亡事件。所有死亡失踪地点都在县城（口前镇）社区和主要街道，大部分是转移后返回或将汽车挪向高地过程中冲淹死亡。

5.18.4　防御过程

　　调研组现场调查后认为，已建山洪灾害监测预警系统和群测群防体系、调查评价成果在防御 3 场洪水灾害中发挥了至关重要的作用。鉴于 3 场灾害防御过程类似，以 7 月 13—14 日强降雨及中小河流山洪灾害的防御过程为例进行说明。

5.18.4.1　灾前准备

　　（1）7 月 12 日 20 时 5 分，永吉县防汛办值班人员通过"永吉防汛微信群""防汛值班信息微信群"和QQ群将吉林省吉林市防指《关于做好强降雨防范工作的通知》进行了传达。

（2）7月13日6时28分，永吉县防汛办值班人员接收吉林市防汛办转发来的省、市气象部门有关地质灾害、河流风险和暴雨蓝色预警信息，报防汛办负责人。

（3）8时，永吉县气象局发布暴雨蓝色预警信号。

（4）8时5分，按照应急响应程序要求，永吉县防指启动防汛Ⅳ级应急响应，随后永吉县水利局长召集主管副局长、防汛办常务副主任，对汛情进行分析、预测，对防汛工作进行安排，各级相关责任人到岗到位，随时关注雨情、水情变化。

（5）8时20分，永吉县防汛办通过防汛微信群、防汛QQ群、公文内网、传真等方式将暴雨蓝色预警信号传达到各乡镇（社区）、防指成员单位。

（6）9时35分，永吉县政府应急办通过微信群、防汛QQ群、公文内网、传真等方式传达县防指总指挥（县长）、副总指挥（副县长）针对此次强降雨做好防范工作的指示。

（7）10时10分，永吉县防汛办值班人员接收吉林市防汛办转发来的省、市气象部门暴雨黄色预警信息和雷暴大风预警信息，立即传达到各乡镇（社区）和防指成员单位。

（8）10时40分，永吉县防汛办工作人员从此时开始密切关注县级山洪灾害预警系统和吉林省防汛决策系统中实时降雨信息，发现1h降雨量超20mm、2h降雨量超30mm、累积降雨量超50mm的站点，立刻与相关乡镇、村联系，告知雨情信息，及时了解当地情况，并迅速反馈至吉林市、永吉县防指。防汛办和气象局的值班人员通过防汛微信群、防汛QQ群将各乡镇（社区）实时降雨信息进行上传，便于乡镇（社区）及时了解雨水情信息。

5.18.4.2 灾中预警和响应

（1）7月13日12时，永吉县气象局发布暴雨黄色预警信号。

（2）12时5分，永吉县防指发布启动防汛Ⅲ级应急响应的紧急通知，通过防汛微信群、防汛QQ群、公文内网、传真等方式传达到相关单位。

（3）14时20分，永吉县气象局通报实时降水信息，并对降雨经过的区域进行预报。

（4）15时30分，永吉县防汛办通过县山洪监测预警平台监测到开发区巴虎河上游降雨量强度较大（平均70mm），造成巴虎河堤防出现险情，县水利局人员前往现场指导处理险情。

（5）15时40分，永吉铁路工作人员到达防汛办，根据防汛办提供的降雨情况、相关水库蓄水情况及预警响应，以10min一次的频率向铁路局报告雨情及相关河道流量。

（6）16时30分，永吉县开发区管委会开始组织巴虎河沿线危险区域内和低洼地带的人员陆续进行转移。

（7）17时53分，永吉县防指总指挥（县长）、副总指挥（副县长）到县防汛办，通过山洪灾害监测预警系统实时观看降雨和气象云图等信息。总指挥主持会商，召集县防指成员单位开会研判汛情，研究部署具体防御工作。

（8）17时55分，永吉县气象局发布暴雨橙色预警信号。

（9）18时10分，永吉县防指发布启动防汛Ⅱ级应急响应的紧急通知，通过防汛微信群、防汛 QQ 群、传真等方式传达到相关单位。永吉县防指副总指挥通过防汛微信群和山洪灾害监测预警平台传达要求：各部门和各乡镇（社区）迅速进入 Ⅱ 级应急响应状态，启动危险地段人员疏散转移预案。

（10）18 时 30 分，降雨量大的北大湖镇、口前镇、西阳镇等乡镇开始按照预案安排人员进行河流两侧危险、低洼地带的人员转移安置工作。

（11）18 时 35 分，永吉县防汛办将雨情和县防指 Ⅱ 级应急响应等信息情况提供给铁路防汛值班人员，铁路值班人员立即报告口前铁路部门领导，将在沈吉线 4 处正在进行应急抢险和巡线人员 1200 余人及车辆 71 台，全部及时转移至安全地带。

（12）19 时，永吉县委书记来到县防指会商室，通过山洪灾害监测预警系统实时观看降雨和气象云图等信息，调度各乡镇（社区）和县城人员转移等工作部署和落实情况。

（13）19 时 15 分，永吉县防指接到永吉十中附近平房（河北社区八委）和平安三区附近杨木沟内居民被大水围困险情，立即调配铲车等大型机械设备，对被围困人员进行解救。

（14）19 时 45 分，永吉县城电力中断，县防指启动备用发电机对县级山洪灾害监测预警平台供电，确保平台正常运行。

（15）20 时，永吉县气象局发布暴雨红色预警信号。

（16）20 时 10 分，永吉县防指发布启动防汛 Ⅰ 级应急响应的紧急通知，通过防汛微信群、防汛 QQ 群、电话等方式传达到相关单位。各部门和各乡镇（社区）迅速进入 Ⅰ 级应急响应状态。

（17）20 时 11 分，防汛办工作人员通过防汛值班信息微信群、防汛 QQ 群推送温德河口前水位站实测流量 $840 \mathrm{m}^3/\mathrm{s}$ 的信息，已经超过保证流量。

（18）21 时 15 分，防汛办工作人员通过防汛值班信息微信群、防汛 QQ 群推送温德河口前水位站实测流量 $1850 \mathrm{m}^3/\mathrm{s}$ 的信息，水位已经达到 225.35m，即将漫过堤顶。

（19）21 时 25 分，温德河水开始漫过堤顶。

（20）21 时 42 分，永吉县防指一楼进水，发电机被淹，指挥部立即采用 UPS 为县级平台供电，继续监视雨水情，县防指采用无线电台对外进行指挥、调度。

（21）22 时 30 分，吉林省、吉林市防指派出抢险队伍赶赴永吉，进行抗洪抢险。永吉县防指通过无线电台、卫星电话与抢险人员保持密切联系，及时调度，解救被围困人员。

（22）7 月 14 日零时，温德河口前镇水位达到最高点 228.05m，后水位开始下降。

据统计，7 月 13 日午后、夜和 7 月 14 日凌晨，永吉县共转移群众 7.92 万人。

点评：

吉林省永吉县此次灾害经历 3 次强降雨过程，造成 31 人死亡，山洪灾害防御工作压力很大，当地政府克服各种困难，利用山洪灾害非工程措施和群测群防体系，有效地防御了此次灾害，形成了山洪灾害防御的"永吉模式"，即基于永吉的县情、社情，由县、乡（镇）两级人民政府和村（居）民委员会主导，省、市防汛、水文部门指导，县防汛主管部门组织执行，以群众生命财产安全为目标，以县、乡、村、组、户五级责任制体系为核心，以县、乡、村三级预案为基础，以山洪灾害监测预警系统平台为抓手，夯实非工程措施和工程措施基础，渐次提高预警和响应级别，应用现代科学技术，强化应急电力、通信和救援物资保障，服务铁路、交通等行业，科学有效应对中小河流洪水和山洪灾害。

（1）大密度雨水情监测站网提供了丰富的高时空分辨率信息。通过建设的85个自动雨量水位站以5min一报的频率及时向县防汛指挥部报汛，结合共享的86个水文气象站点，形成了密集的雨水情监测站网，并通过县级平台实时展示，使县防指了解掌握了降雨强度分布和降雨锋面移动以及县内61座中小型水库蓄水和泄洪情况。县防汛办工作人员将实况降雨信息截屏用微信群发送至有关乡镇，各乡镇也实时掌握了本地降雨信息。铁路部门基于此信息，避免了重大人员伤亡。

（2）群测群防机制提高了防范意识，落实了包户转移责任。永吉县组织编制了9乡镇、140行政村的山洪灾害防御预案，落实了转移包户责任制和转移路线、安置点，广泛开展了宣传、培训和演练，严格落实山洪灾害防御工作领导责任制，实行县领导包乡镇、乡镇干部包村、村干部包组、组长和党员包户的四包责任制，并落实村级监测预警员对降水过程进行雨量观测。正是基于群测群防机制，在防洪能力薄弱的山区乡村，及时转移人员，没有发生一起人员伤亡事件。

（3）应急保障措施发挥重大作用。7月13日19时45分永吉县城电力中断，县防指启动备用发电机对县级山洪灾害监测预警平台供电，后发电机被淹，用UPS支撑平台运行，在此期间捕捉监测到了最大1h雨强、3h雨强。永吉县城断电后，县防指依靠短波电台发布预警指令，与各乡镇和水库进行联络，指挥人员转移。

（4）山洪灾害调查评价提供重要基础支撑。在"2017·7·13"山洪灾害指挥过程中，永吉县防指结合调查评价成果图册中沿河村落各级危险区和安全区的划分区域进行会商，实时指挥调度。通过调查评价制定的防洪形势图、水利工程图、山洪灾害危险区分布图，为行政首长开展指挥提供了重要的基础信息。

资料来源：
中国水利水电科学研究院. 吉林永吉县三场中小河流洪水和山洪灾害调研报告。
吉林省水文水资源局. 温德河流域"2017·7"暴雨洪水调查分析报告。
吉林省防汛办. 吉林省永吉县"7·13""7·19"特大中小河流洪水和山洪灾害防御实战。

5.19 甘肃岷县"2018·5·16"山洪灾害

2018年5月16日16时43分至17日8时，甘肃省岷县部分乡镇普降中到大雨，局地出现暴雨，十里镇、寺沟镇、秦许乡3个乡镇出现冰雹，此次灾害降雨集中、强度大，为60年一遇。

5.19.1 雨情

根据岷县水文站5月16日降水监测，县城降水从当天下午17时10分开始，至18时降水量为 15.5mm，18—19 时降水量为 4.3mm，19—20 时降水量为 6.8mm，20—21 时降水量为 4.6mm，21—22 时降水量为 1.3mm，22—23 时降水量为 0.1mm，一次降水量为 32.6mm。

此次降水过程时空分布不均匀，降水从西寨、清水、秦许开始，结束于申都、梅川、中寨、维新，从西南向东北方向分布，暴雨中心分布于秦许、十里、寺沟、禾驮、申都、茶埠及锁龙等乡镇，各乡镇降水量见表 5.29。

表 5.29　　　　　　　　　　岷县气象局"2018·5·16"降水量统计　　　　　　　　　　单位：mm

站名	降水量	站名	降水量	站名	降水量	站名	降水量
岷县	52.5	寨上	15.6	禾驮①	34.9	十里骆驼巷	11.3
西寨	64.9	塔沟村	12.4	申都	44.3	梅川下文斗	16.4
维新	16.1	狼渡滩	26.6	蒲麻	0	西江牛坝	35.6
清水	38.4	车路村	23.2	闾井	17.9	中寨马崖	19.9
中寨	20.6	沙金	23.6	寺沟马烨林场	0.7	闾井颉代玛	4.1
秦许①	73.4	古素	33.8	锁龙①	37.9	维新哈那	23.6
西江	16.9	西寨冷地	28.3	占扎路	41.5	申都朱家	30.8
梅川	0.5	茶埠将台	20.2	下阿央	64.9	清水腊梅	53.6
麻子川	39.2	茶埠石咀	20.5	寺沟巴仁	9.0		
茶埠①	19.1	茶埠大竜	12.7				

① 指灾害发生地点。

岷县山洪灾害监测预警平台数据显示，最大过程降水出现在秦许乡泥地族村 153.2mm，时段最大 1h 降雨量为 56.6mm，见图 5.18。降雨量超过警戒降雨量 27mm 的有 11 个监测站点，分别为秦许乡马烨、大族、鹿峰、包家沟，十里镇张家湾、大龙，寺沟镇扎地、老鸦山、寺沟、白土坡，马坞镇秦家沟；超过危险降雨量 40mm 的有 1 个站

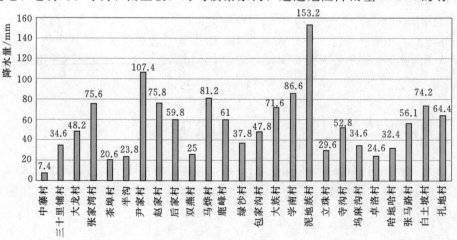

图 5.18　岷县监测预警系统"2018·5·16"降水量

点。秦许乡泥地族村降水量最大,主要集中在 17—21 时,1h 降水量达 56.6mm,2h 降水量达 88.4mm,一次降水量达到 153.2mm,由于植被好,地势宽阔,未造成较大灾害。

岷县重灾区域所在流域周边共布设 7 个雨量站点,分别位于茶埠镇尹家村站、禾驮镇牛沟村站、锁龙乡赵家村站和后家村站、秦许乡马烨村站、学南村站和泥地族村站。岷县雨量站基本情况调查见表 5.30,岷县 "2018·5·16" 受灾区域 7 个雨量站 1h 的降雨情况见表 5.31。

表 5.30 岷县雨量站基本情况调查

编号	雨量站地点	地理位置		建站时间	设施设备	人员配备情况	运行情况
		东经/(°)	北纬/(°)				
1	赵家村	104.6491	34.4072	2011 年	自动雨量站	村干部管护	良好
2	后家村	104.646	34.426	2012 年	自动雨量站	村干部管护	良好

表 5.31 岷县 "2018·5·16" 主要测站 1h 降雨量 单位:mm

时间	尹家村	牛沟村	赵家村	后家村	马烨村	学南村	泥地族村
5 月 16 日 16 时	0	0	0	0	0	0	0
5 月 16 日 17 时	0	0	0	0	10.6	0	0
5 月 16 日 18 时	20.4	0.4	0	0	53.4	47.6	56.6
5 月 16 日 19 时	52.4	16.4	22.8	4.6	6.8	13.2	31.8
5 月 16 日 20 时	12.2	7	44.4	45.2	6.8	17.2	26.6
5 月 16 日 21 时	18.6	10.6	4.2	4.6	2.6	6	14.4
5 月 16 日 22 时	3.8	2.4	4.4	5.4	1	2.6	5.4
5 月 16 日 23 时	0.4	0.6	3.2	4.2	0	0	2.6
5 月 16 日 24 时	0.2	0	0	0.2	0	0	2.2
5 月 17 日 1 时	0	0	0	0	0	0	2.2
5 月 17 日 2 时	0	0	0	0	0	0	2
5 月 17 日 3 时	0	0	0	0	0.2	0.4	2
5 月 17 日 4 时	0	0	0	0	0	0	2
5 月 17 日 5 时	0	0	0	0	0	0	1.6
5 月 17 日 6 时	0	0	0	0	0	0	1.2
5 月 17 日 7 时	0	0	0	0	0	0	1.4
5 月 17 日 8 时	0	0	0	0	0	0	1.2
总计	108	37.4	79	64.2	81.4	87	153.2
最大	52.4	16.4	44.4	45.2	53.4	47.6	56.6
最小	0	0	0	0	0	0	0

5.19.2　水情

调查组对岷县受灾严重的锁龙乡买家沟赵家庄、大东村以及禾驮乡山沟村开展了灾情现场调查，暴雨调查情况统计见表5.32。

表 5.32　　　　　　　岷县锁龙乡、禾驮乡"2018·5·16"暴雨调查情况统计

编号	调查时间	调查地点	暴雨发生时间	可靠性评价
1	5月30日	元埂地村	18—20时	较可靠
2	5月30日	大东村	18—20时	较可靠
3	5月30日	买家村	19时30分至20时	较可靠
4	5月30日	白家村	18—20时	较可靠
5	5月30日	赵家村	18—20时	较可靠
6	5月30日	山沟村	17时40分至18时10分	较可靠

主要断面的洪痕、水深及洪水流量采用甘肃省临洮水文水资源勘测局《岷县"2018·5·16"暴雨洪水调查报告》成果，详见表5.33。

表 5.33　　　　　　　　　　岷县"2018·5·16"洪水调查成果

序号	沟名	河段	集水面积 /km²	洪水发生时间 （时：分）	最高洪水位 /m	洪峰流量 /(m³/s)	洪水历时 /h	重现期 /a
1	南河	买家村	4.1	19：30	2483.94	46.8	5	60
2	南河	拔那	8.7	19：48	2445.50	62.8	5	60
3	南河	大东村	42.9	20：00	2319.99	61.2	5.5	40
4	南河	元埂地村	66.5	20：25	2251.36	53.9	6	40
5	山沟河	甘滩村	49.6	20：48	2569.12	36.6	4.5	50

5.19.3　灾情

岷县"2018·5·16"冰雹暴雨灾害给锁龙乡、禾驮乡、十里镇、寺沟镇、秦许乡、茶埠镇等6个乡镇带来不同程度的灾害。

（1）人员伤亡情况。灾害共造成6个乡镇1.6万户6.89万人受灾，因灾死亡7人（其中锁龙乡6人、禾驮镇1人），受伤5人。家中取财物死亡3人，撤离中死亡1人，劳务工被洪水冲走死亡1人，出行途中死亡2人。

（2）房屋受损情况。因灾房屋受损1509户5222间。其中，倒塌25户80间，严重受损60户196间，一般受损1424户4946间。

（3）农牧业受损情况。农作物受灾面积4281.73hm²，成灾3513.87hm²，绝收1550.45hm²；死亡大牲畜5头。

（4）基础设施损毁情况。国道316线锁龙乡、禾驮镇境内约6km路基路面受损，发

生塌方 1 处、泥石流冲积堆 5 处、损毁县乡道路 4 条 35km、通行政村道路 37 条 96km、通自然村道路 57km、受损桥梁 15 座、涵洞 55 道、防护工程 97km；损毁堤防 76.1km、农村供水主管、支管、村级管网 466km、入户井、闸阀井等设施 438 处、水源截引工程 1 处、山洪灾害防治非工程措施项目设备 76 处；造成 3 座 35kV 变电站、2 条 24.5km35kV 线路和 20 条 782.6km10kV 线路停运、1.25 万户群众停电；因灾导致重灾乡镇通信信号减弱或中断。

（5）学校、卫生等公共事业损失情况。28 所学校的校舍、围墙、护坡等不同程度受损，其中校舍受损 7418m^2、损坏教学仪器、设备等 26 件（套）；1 所卫生院、3 所村卫生室受损。

据初步核查统计，全县因灾直接经济损失达 5.55 亿元，其中，农村住房损失 0.25 亿元，居民家庭财产损失 0.03 亿元，农业损失 1.34 亿元，基础设施损失 3.81 亿元，公共服务损失 0.12 亿元。

5.19.4 灾害对比情况

岷县 2012 年、2014 年、2018 年均发生山洪灾害，时间都集中在夏季的 5—6 月，茶埠镇、禾驮乡均为暴雨中心和重点受灾区域，因短时强降雨造成的山洪灾害损失较大，在降雨频率方面，2012 年为 100 年一遇，2018 年为 40～60 年一遇；从最大降水量来看，2018 年的最大降雨量达到 101.2mm，2012 年的最大降水量为 97.6mm，2014 年的最大降雨量为 89.4mm；从受灾损失状况来看，损失最大的为 2012 年，其次为 2018 年，2014 年。三年灾害对比数据表明，"2018·5·16"山洪灾害虽然降雨量增大，但造成的损失较前几年减少，见表 5.34。

表 5.34 岷县 3 次灾害对比情况

年份	日期	最大降水量 /mm	受灾乡镇 /个	受灾人口 /万人	死亡人数 /人	倒塌房屋 /间	农作物受灾面积 /万亩
2012	5 月 10 日	97.6	18	35.8	47	19445	36.4
2014	6 月 18 日	89.4	6	5.03			22.5
2018	5 月 16 日	101.2	6	6.89	7	80	6.42

5.19.5 防御过程

5 月 16 日 12 时 30 分，岷县防汛办先后接到气象灾害预警强对流天气预警、定西市雷电黄色预警信号、定西市冰雹橙色预警信号等，在接到传真通知后，值班人员全员到位，迅速通过传真、电话、QQ 群、微信群等多种方式及时向各乡镇、重点部门、洮河各水电站、重点项目建设单位及尾矿库等单位转发预警信号 6 次、应急响应动员令 2 次，并要求各乡镇及相关单位，加强值班值守，密切监测降雨过程，靠实责任，落实防御措施，全面做好强降雨应对各项准备工作。各乡镇接到预警信号后，迅速响应，通过电话、微信、QQ 群、广播、上门告知等方式向村组防汛责任人、预警员及群众宣传告知，保证了预警信号的快速有效传递和防御措施的落实。

通过县级监测预警平台密切监测雨情、水情变化，电话查询了解各乡镇、村人员到位、防御措施落实情况。县政府领导在县级监测预警平台坐镇指挥，对降雨量超预警值的村组适时会商发布转移指令。先后有 11 个雨量监测站点雨量超警戒值，预警平台系统自动向责任人发出预警短信共计 1549 条，发布准备转移指令 1464 条，立即转移指令 85 条。手动启动外部预警广播 1 次。行政村防汛责任人按照转移指令紧急安全转移危险区住户 878 户 3200 多人，避免了群死群伤，有效降低了人员伤亡和财产损失。预警信息发布后，平台值班人员及时拨打电话 60 多次跟踪各级防汛责任人信息接收情况，询问采取的响应措施和处置结果，并做了详细记录。

降雨开始后，站点监测到 1h 降雨量超过 17mm 时，系统自动发送值班预警短信。平台值班人员及时查看降雨强度和降雨范围。同时打电话给村干部核实降雨强度。当降雨量达到 27mm 时系统自动给县、乡镇、村防汛责任人和预警员发送坚强防范准备转移指令。做好危险区群众转移准备工作，此时值班人员通过电话、QQ 群、微信群等通信方式了解掌握降雨的强弱和重点沟道水位变化情况。当降雨量接近 40mm 时，总指挥和乡镇主要负责人会商研判是否立即发送转移指令。

点评：

受到特殊地形地貌的影响，甘肃省岷县是山洪灾害多发频发的区域之一，岷县近几年发生的 3 次较大的山洪灾害，茶埠镇、禾驮乡均为暴雨中心和重点受灾区域。从各项数据的综合对比来看，虽然山洪灾害在逐年发生，但造成的损失在逐步减少。

从灾害成因看，受局地短时强对流天气影响，降水过程强度大、历时短且比较集中，在暴雨中心从沟道上游向下游移动同时，降水形成的洪水汇流也在向下游移动，且暴雨中心和洪水汇集点同时集中到受灾区，从而造成严重的山洪灾害。灾区地形陡峭，三面环山，受地形地势影响，周边山沟产生的洪水集中向主河道汇集，使得干流洪水迅猛增长，表现出起涨时间短、洪峰流量大、泥沙含量高的特点，短时形成暴雨洪水泥石流；加之 2018 年降水偏多，较往年同期偏高 75%，土壤含水量高，吸纳降水能力大幅减弱，为洪水形成创造了条件。電洪发生后，从上游漂浮而下的树木、柴草、家具、损毁房屋的木料等杂物堵塞涵洞，致使桥涵泄洪断面减小，洪水下泄受阻，从防洪堤溢出，冲毁公路、桥涵，损毁房屋，加剧了灾害危害。这次暴洪灾害造成锁龙乡、禾驮镇 218 户房屋进水进泥，其中 25 户水毁倒塌房屋基本都是土坯房，抗灾能力弱，且部分群众居住在下游，地势低洼，加之住房地基低，导致受灾严重。

从防御过程看，县级监测预警平台和群测群防体系发挥了积极作用。利用监测预警平台密切监测雨情、水情变化，电话查询了解各乡镇、村人员到位、防御措施落实情况。预警平台系统自动向责任人发出预警短信共计 1549 条，其中，发布准备转移指令 1464 条、立即转移指令 85 条。行政村防汛责任人按照转移指令紧急安全转移危险区住户 878 户 3200 多人，避免了群死群伤，有效降低了人员伤亡和财产损失。

资料来源：

甘肃省水利科学研究院提供的《甘肃省岷县"5·16"山洪灾害调查报告》以及国家防总工作组汇报材料、防汛抗旱简报等内容。

5.20　云南麻栗坡"2018·9·2"特大山洪泥石流灾害

2018 年 9 月 1—2 日，受热带低压西移影响，云南文山壮族苗族自治州麻栗坡县猛硐乡发生单点暴雨，其中 1h 降雨量达 91mm，3h 降雨量高达 161mm，9 月 2 日凌晨引发猛硐乡集镇发生滑坡泥石流灾害，引发山洪泥石流，导致通信中断，部分车辆被冲走，5 人死亡，15 人失踪，7 人受伤[30]。

麻栗坡县国土面积为 2334km²，全县 99.9% 的面积为山区，其中 70% 以上山区属于喀斯特地貌。总人口 28.6 万人，其中少数民族占总人口的 40.9%。截至 2017 年年底，全县实现地区生产总值 59.02 亿元，财政总收入 5.37 亿元。麻栗坡县 2011—2018 年累计投入建设资金约 1000 万元，共建设 1 个县级监测预警系统、109 个自动站点（其中包括 36 个自动测报站点、5 个图像监测站、68 个预警广播站），建设简易雨量站 131 个、简易水位站 3 个。县级监测预警系统包括 1 台路由器、4 台服务器、1 台交换机、1 台视频会议主机以及监测预警平台软件 1 套。2017 年 5 月猛硐乡修订了包括猛硐村、坝子村、昆老村、铜塔村的山洪灾害防治预案，制作了 5 块宣传栏，发放宣传手册 1600 多份，明白卡 600 多张，进一步提升了群众山洪灾害防御知识。

5.20.1　雨情

受热带低压西移影响，2018 年 9 月 1 日 0 时至 2 日 19 时，文山壮族苗族自治州多地发生单点暴雨，全州共有 133 站监测到降雨，降雨覆盖面达 95%，其中大暴雨（100～249.9mm）5 站。麻栗坡县猛硐乡 24h 降雨量达 212.2mm。

麻栗坡县猛硐站（90430200）降雨量为 215mm（山洪站点），3h 降雨量为 161mm，见图 5.19。文山壮族苗族自治州气象部门监测（监测点在乡政府办公楼顶）麻栗坡县猛硐乡 9 月 2 日凌晨 2—6 时集中降水量为 199.9mm，凌晨 3—4 时 1h 降雨量 97.4mm。水文部门监测（监测点在乡政府驻地街道桥头附近一家民房屋顶）麻栗坡县猛硐乡 9 月 2 日

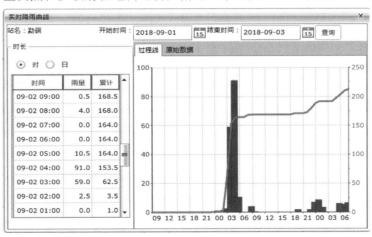

图 5.19　猛硐站降雨过程

凌晨 2—3 时 1h 降雨量为 59mm，凌晨 3—4 时 1h 降雨量为 91mm，2—4 时 2h 累积降雨量为 150mm。

麻栗坡县 2018 年平均降雨量为 1059mm，截至 12 月 3 日降雨量为 1037mm，而截至 8 月 31 日降雨量为 817mm，2018 年降雨量与常年持平，3 个月的降雨量集中在了 9 月 2 日 2h 内，根据泥石流流速及流量计算公式，结合泥痕调查法计算结果，显示该泥石流对应的降雨频率相当于 100 年一遇。

5.20.2　水情

2018 年 9 月 2 日凌晨 3—4 时，麻栗坡县猛硐乡政府驻地集镇区发生泥石流，泥石流共分为 3 股，猛硐河、香草棚沟、水冲乡 3 条泥石流同时冲刷集镇，将集镇包围，据现场调查及排查清淤工程统计，4d 内清理泥石流堆积物 116 万 m³，除猛硐河外，两个支流堆积量均大于 30 万 m³，单条泥石流为大型，3 条综合泥石流为特大型泥石流。根据泥痕，测算水冲乡、香草棚沟口泥石流过流峰值流量分别为 310m³/s、170m³/s、97m³/s。

根据"2018·9·2"泥石流在沟口集镇区部位的堆积面积、平均堆积厚度以及冲出沟口和清淤的规模，确定本次泥石流一次冲出泥石流量为 110 万 m³（表 5.35），也显示出大致相当于 20 年一遇降雨冲出的规模[39]。

表 5.35　　　　　　　　　　　　雨洪修正法计算泥石流流量

沟名	频率/%	Q_w/(m³/s)	ψ	D_c	Q_c/(m³/s)	一次泥石流总量/万 m³	一次泥石流固体总量/万 m³
猛硐河	3.33	79.70	0.74	2.32	321.40	30.60	22.60
	2.00	88.20	0.74	2.32	355.6	33.90	25.00
	1.00	97.9	0.74	2.32	394.90	37.60	27.80
水冲乡	3.33	31.0	0.79	2.32	128.70	31.40	13.90
	2.00	35.30	0.79	2.32	146.30	35.70	15.80
	1.00	40.10	0.79	2.32	166.30	40.60	17.90
香草棚	3.33	9.60	0.79	4.45	76.10	22.10	9.80
	2.00	10.90	0.79	4.45	86.50	25.20	11.10
	1.00	12.40	0.79	4.45	98.20	28.60	12.60

5.20.3　灾情

单点暴雨引发了麻栗坡县"2018·9·2"特大山洪泥石流灾害，泥石流夹杂大量林木涌入猛硐河主河道、支流及山洪沟，造成河道严重阻塞。灾害造成当地房屋倒损、农作物受灾、道路交通、通信、水利、电力等基础设施损毁。此次灾害共造成全县 11 个乡镇 79 个村委会 629 个村小组 16568 户 5.95 万人不同程度受灾，因灾死亡 10 人，失踪 11 人，受伤 7 人，直接经济损失 22.8 亿元。灾害主要集中在猛硐河上游猛硐乡政府所在地猛硐村委会集镇片区，猛硐乡 5 个村委会 84 个村民小组 3033 户 12070 人不同程度受灾，因灾遇难 10 人、失踪 11 人、受伤 7 人，直接经济损失 125046.3 万元。

5.20.4 防御过程

受气象预报数据的影响，灾害发生当天山洪灾害气象预警最好级别为蓝色，灾害发生地点没有在预警范围内。麻栗坡县森林植被茂密，历史上从未发生过山洪灾害，加之山洪灾害防治项目建设资金有限，未在猛硐河上游乡政府所在地猛硐村委会集镇片区布设自动雨量站，未能监测猛硐河上游片区的降雨量，只监测到了猛硐乡坝子村自动雨量站24h降雨量为95.2mm，铜塔村自动雨量站24h降雨量为112mm，老陶坪村自动雨量站24h降雨量为153mm，昆老村自动雨量站24h降雨量为214.2mm。

县级平台向老陶坪村、昆老村发出了立即转移预警，但这两个村组灾情较轻，没发生人员伤亡。据统计，此次特大山洪泥石流灾害中，猛硐乡集镇片区组织疏散、转移安置群众1500人，组织营救被洪水围困的群众36名。

点评：

云南省是泥石流灾害频发的地区之一，东川区、巧家县都曾经发生过大型山洪泥石流灾害，被称为"泥石流博物馆"，山洪泥石流风险长期存在。除了极端强降雨产生短历时超标准洪水外，天然林木堵塞河道、排洪不畅也是造成沿河村落被淹及人员伤亡的主要原因。对于这种高风险的区域，需加强山洪灾害预报预警工作，转移人员，减少财产损失。

（1）突发的100年一遇特大单点暴雨（2018年度云南省单位时间内的最高降雨量）是引发此次特大山洪泥石流灾害的主要成因，常年3个月的降雨量集中在了9月2日2h内。猛硐村集镇片区未布设自动雨量监测设备设施、水文（气象）信息未在第一时间传递给当地防汛办。

（2）特殊的地质地貌环境是诱发泥石流的关键因子，山洪泥石流风险长期存在。猛硐乡属花岗岩风化层地区，山高坡陡谷深，土质松散，含砂量较大，前期降雨已使土壤含水量处于饱和，单点暴雨致使整个猛硐河流域发生超渗，形成了山洪泥石流灾害。

（3）大量天然林木堵塞河道。猛硐河上游片区森林植被茂密，滑坡导致大量林木涌入河道，造成河道阻塞，形成了3处大的堵塞点，其中坝子桥以上形成了上万立方米的堰塞体，随着上游洪水、泥沙的不断补充入库，堰塞体坝基承载力逐渐减弱，当其承载力达到最大承载极限时，堰塞体瞬间溃坝形成了超强的破坏力，加剧了山洪泥石流灾害。集镇到猛硐河约13km，落差300m，如果不发生滑坡产生大量林木堆积，理论上此次降雨量仅会在集镇产生短历时洪涝，及时沿河流入下游。

（4）灾害突发，破坏力强，救援条件缺失。此次灾害来势十分迅猛，在短短的2h内就造成了极大的破坏力，导致集镇道路、供水、供电、通信中断，对抢险救援工作开展和灾区群众自救逃生造成很大的困难。

资料来源：

云南省防汛办麻栗坡山洪灾害防御情况汇报材料（向文亮提供）。

陈志，杨志全，刘传秋. 云南省麻栗坡县猛硐河"9·02"泥石流调查［J］. 山地学报，2019，37（4）：631-638.

5.21　广西凌云县"2019·6·16"山洪灾害

2019 年 6 月 16 日 21 时到 17 日 5 时，广西百色市凌云县普降大雨，局部区域出现大暴雨甚至特大暴雨，造成"2019·6·16"重大山洪灾害。

5.21.1　雨情

6 月 16 日 21 时到 17 日 5 时，凌云县普降大雨，全县有 27 个站点降雨量超 50mm，其中伶站瑶族乡九民村所在流域（面积 15.1km²）出现特大暴雨，降雨量罕见，表现在"两个突破"：

(1) 从 16 日 21 时开始，连续 5h 出现每小时雨量 60～80mm 的强降雨，其中 21—22 时，1h 降雨量为 80.4mm，6h 降雨量达 389.2mm（凌云县九民水库站，气象），突破百色市历史极值（307.4mm），根据《广西暴雨统计参数等值线图》（2010 年版）查算，6h 降雨量（394mm）接近千年一遇。

(2) 24h 降雨量达 419.8mm（凌云百劳站，水文，图 5.20），突破了凌云县有气象记录以来也是百色市有气象记录以来的历史极值（348.7mm）。

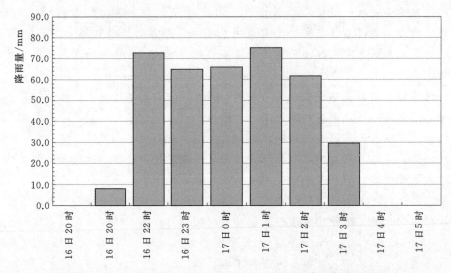

图 5.20　凌云百劳站降雨过程（历时 7h，最大 1h 降雨量超过 70mm）

5.21.2　水情

受强降雨影响，部分山洪沟道出现大幅上涨，根据百色水利电力设计院的分析计算结果，伶站瑶族乡九民村弄孟屯上游垭口断面（流域面积为 15.1km²）洪峰流量为 125m³/s，洪水冲上国道 212 线，水深约 1.5m。根据《广西暴雨统计参数等值线图》（2010 年版）查算，6h 降雨量接近千年一遇，考虑到小流域雨水同频，九民村弄孟屯上游垭口断面 6h 洪峰流量也超百年一遇，接近千年一遇。九民村小流域呈漏斗形，垭口为漏斗出口，狭窄地形也会抬高山洪水位。

九民村小流域面积为 6.0km²，小流域范围内的九民水库是小（2）型水库，按照 30 年一遇设计，200 年一遇校核，查正常蓄水位为 445.85m，6 月 17 日凌晨最高水位达 446.89m，超正常蓄水位 1.04m（未达到水库设计洪水位 448.30m），根据百色水利电力设计院出具的《伶站瑶族乡九民村陇孟屯上游垭口洪水分析计算》报告，入库最大洪峰流量为 58.1m³/s，溢洪道最大下泄流量为 47.0m³/s。

5.21.3　灾情

短时间强降雨和山洪造成凌云多地受灾，其中伶站瑶族乡、下甲镇受灾最为严重。县道和 49 条农村公路多处边坡塌方、道路中断。房屋受损 361 间；农作物受灾 508.2hm²，电网有 3 路 35kV 线路故障，移动、电信机站受损，通信中断，无法联络；新增牛场坡等 7 个地质灾害点。

（1）下甲镇峰洋村九燕沟（九民村小流域山脊分水岭外侧）出现山洪泥石流灾害，泥石流冲进房屋，埋压 3 人，2 人获救，一名 6 岁儿童死亡。

（2）伶站瑶族乡九民水库大坝左侧边坡（九民村小流域内）出现山体滑坡，摧毁水库管理房，埋压水库管理员 3 人，造成 1 死 1 伤。

（3）国道 212 线 K2255km（省道 S206 线 K2256＋400）通鸿水泥厂路口至弄孟屯狭窄沟道出口路段（伶站瑶族乡九民村弄孟屯上游垭口、九民村小流域出口）冲毁严重，9 辆过往车辆被漫路洪水冲翻冲走，除 4 辆车车主弃车安全逃生外，死亡 11 人（含优秀驻村干部黄文秀），失踪 1 人。

5.21.4　防御过程

5.21.4.1　水利部门监测预警过程

6 月 12 日至 16 日 20 时，凌云县水利局水库管理微信群记录，要求全县各水库尽量降低水位，及时监测雨情水情、工情，并上报情况。

6 月 16 日 22 时 24 分，九民水库巡查责任人向凌云县水利局值班室打来电话，告知水库水位超过溢洪道堰顶 1m 左右。值班人员向其询问当晚值班巡查情况，并要求加强巡查。经了解，因雨大，水库巡查责任人 3 人同时上岗。

6 月 16 日 22 时 31 分，凌云县水利局值班人员收到凌云县气象局 22 时 15 分发布的暴雨红色预警信号，信号称九民水库已出现 90mm 强降雨。

6 月 16 日 22 时 35 分，凌云县水利局值班人员电话联系九民水库，告知雨水情，要求通知下游村屯注意预防和做好人员转移准备。

6 月 16 日 22 时 57 分，凌云县水利局值班人员通过山洪灾害监测预警系统监控九民水库雨量站降雨量达 90.5mm，值班人员立即电话联系九民水库巡查员，告知雨水情，要求立即通知下游村屯紧急转移避险，同时注意自身安全。

6 月 16 日 23 时 21 分，凌云县水利局值班人员通过山洪灾害监测预警系统监控伶站瑶族乡百劳屯降雨量站降雨量达 145.5mm，值班人员立即电话联系伶站瑶族乡政府，要求加强值班值守，做好村屯紧急转移避险。伶站乡反馈已通知相关村屯干部。

　　6 月 17 日 0 时 37 分，凌云县水利局值班人员通过山洪灾害监测预警系统监控伶站乡百劳屯雨量站降雨量达 211.5mm、九民水库站降雨量达 154.3mm。

　　6 月 17 日 0 时 52 分，凌云县水利局值班室接报九民水库值班室冲毁。县水利局局长指示要求立即准备防汛物资，等待应急部门调度。

　　6 月 17 日 0 时 59 分，凌云县水利局带班领导向县防汛指挥部（设在应急部门）报告，请求给予应急救援。

　　6 月 17 日 1 时至 2 时 30 分，凌云县水利局指挥九民水库抢险救援。

　　6 月 17 日 1 时 55 分，凌云县水利局值班人员通过山洪灾害监测预警系统监控伶站瑶族乡百劳屯雨量站降雨量达 286.0mm、九民水库站降雨量达 301.5mm。

　　6 月 17 日 2 时 29 分，凌云县水利局值班人员通过山洪灾害监测预警系统监控伶站瑶族乡百劳屯雨量站降雨量达 347.5mm、九民水库站降雨量达 306.5mm。

　　6 月 17 日 2 时 55 分，凌云县水利局值班人员通过山洪灾害监测预警系统监控九民水库站降雨量达 371.4mm。

　　6 月 17 日 3—6 时，凌云县水利局调度浩坤水库、林河水库、田洲湾水库等，调度物资，配合组织救援。

5.21.4.2　基层乡镇、村响应过程

　　（1）下甲镇峰洋村。峰洋村为地质灾害隐患点，下甲镇政府在汛前组织了地质灾害避险演练。6 月 16 日降雨后，村组干部加强巡查，开展群测群防，及时转移了峰洋村 41 户 240 人，在多处发生泥石流、滑坡灾害的情况下，避免了大量人员伤亡。

　　（2）伶站瑶族乡九民水库。6 月 16 日 22 时 59 分，水库巡查责任人发现水库溢洪道水位超过堰顶 1m，马上打电话通知九民村支书，通知村委会做好山洪灾害防范措施，然后再电话报告县水利局，管理员则负责通知伶站乡人民政府。23 时 10 分，九民村支书马上通知村相关责任人组织群众往高处转移车辆，转移老人和儿童约 200 人。6 月 17 日 0 时 55 分，九民水库管理员电话报告，管理房被山体滑坡冲毁，本人逃出，另一管理员受重伤，巡查责任人失踪。后因道路受阻，暴雨不断，救援人员和车辆无法前往救援，联系管理员通知九民坝上村民协助安全施救。1 时 39 分，水库受伤人员已被救出。2 时 51 分，巡查责任人被村民和家属救出，但已经确认死亡。

　　（3）伶站瑶族乡 212 国道段和弄孟屯。6 月 16 日 23 时 30 分左右，伶站瑶族乡政府接到凌云县水利局发布的预警信息后，立即启动山洪灾害防御预案，通知弄孟屯人员转移避险，共转移避险 68 户、320 人。伶站瑶族乡政府同时对国道 212线（百色至凌云方向）车辆在伶站进行了劝阻，分流至邻近旅游景点。6 月 17 日凌晨 1 时 30 分许，在国道 212 线 K2255km（省道 S206 线 K2256+400）通鸿水泥厂路口至弄孟屯路段，9 辆排队等候的车辆被洪水冲翻冲走。车辆受困人员中，28 名人员爬上一辆拉钢筋的大货车成功避险，其余 12 人死亡、失踪。但在 17 日早 7 时才发现国道 212 线 K2255km 有重大险情，凌云县和伶站瑶族乡立即组织抢修电力、通信、交通等基础设施，打通救援通道，集结市、县、乡、村四级 300 余人救援队伍和百色市蓝天救援专业队赶赴现场参与救援。

点评：

受到极端强降雨和特殊地形的影响，2019年广西多地遭受较为严重的山洪灾害，造成多人死亡，广西凌云县这次山洪灾害由于优秀驻村干部黄文秀在此次事件中因公殉职，受到媒体的广泛关注。通过开展实地调研，对此次山洪灾害成因、防御过程、存在问题等方面进行客观分析，得出较为客观的结论。

（1）"2019·6·16"凌云县伶站瑶族乡国道212线垭口段山洪灾害为极端短历时强降雨导致的自然灾害，公路垭口非山洪灾害监测预警对象。

6月16—17日凌云县虽普遍降雨，但超历史极值的短历时强降雨集中在流域面积15.1km²的九民村小流域，导致超100年一遇的山洪发生。九民村小流域内有3个喀斯特原因形成的落水洞作为泄洪通道，但在暴雨洪水较大时无法宣泄，加之公路修建挤占山洪通道，埋涵过流能力有限，道路行洪将车辆冲走冲翻至冲毁路侧沟道。山洪灾害监测预警的对象为受山洪灾害威胁的沿河村落和城集镇，公路垭口及行驶的车辆不在预警范围内，现行技术手段也无法对公路上行驶车辆和人员发布预警信息。根据《防洪标准》（GB 50201），凌云县伶站瑶族乡212国道段路基、涵洞防洪标准为25年一遇（按三级公路、日交通流量2000～6000辆计），"2019·6·16"洪水等级（超100年一遇）远超公路设防标准。

（2）建设的山洪灾害监测预警系统、群测群防体系和水利工程设施在山洪灾害防御中发挥了重要作用。

凌云县自动雨量站点（含共享的64个水文、气象站点）密度高达23.6km²/站，九民村小流域内就有3个自动雨量站，雨水情监测信息通过县级平台实时展示，使县水利局了解掌握了降雨强度分布和降雨锋面移动路径以及县内15座中小型水库蓄水和泄洪情况，为防汛指挥及人员转移提供了重要的信息。县水利局值班人员将实况降雨信息及时通报至有关乡镇，各乡镇也实时掌握了本地降雨信息。伶站瑶族乡、下甲镇依托建立的5级包保责任制，按照预定的转移路线及时转移山洪灾害危险区（峰洋村、弄盂屯）群众500多人，避免了重大人员伤亡。九民水库巡查责任人及时将水库泄洪信息通报下游受影响的村屯，提醒做好值班值守和人员转移准备。

九民水库集雨面积占九民村小流域的40%，在暴雨洪水过程中，水库起到了调洪削峰的作用，水库最高水位超正常蓄水位1.04m，入库最大洪峰流量为58.1m³/s，最大下泄流量为47.0m³/s，水库削峰率为19.1%。

（3）凌云县山洪灾害防治体系存在薄弱环节。

1）群测群防体系不完善，宣传教育不到位。在国道212线K2255km处，9辆汽车被洪水冲翻冲走，发生群死群伤事件，这反映了部分群众主动避险、自救意识仍不到位。调研组在灾害现场及相关乡镇未见到有关宣传山洪灾害防治的警示牌、宣传栏、避险路线标志等，在山区公路穿沟道的危险路段也未设警示牌。配备的简易雨量报警器和预警广播在山洪灾害防御中没有发挥作用。村级、乡级预案可操作性有待提高，伶站瑶族乡山洪灾害防御预案没有明确标识转移路线与转移安置点位置，对预警启动时机和信号表达不清。

2）运行维护经费不落实，系统操作不熟练。凌云县建设了山洪灾害雨量站点65个。

其中，自动雨量站点 43 个，22 个站点损坏；简易雨量站点 22 个，9 个损坏。据了解，广西壮族自治区 2019 年向凌云县下达了运行经费 27 万元，由于扶贫攻坚资金整合等原因，尚未落实到项目，损坏的监测站点也未得到修复。各山洪灾害监测点监测员和预警员均没有补助。机构改革后原防汛抗旱指挥部机构和人员全部划拨到应急管理局，凌云县水利局水旱灾害防御值班人员不能熟练操作系统。

3）监测预警系统功能发挥不充分，应急通信报汛能力不足。自动监测方面，通过山洪灾害防治项目建设的雨水情监测站点报汛间隔为 5min，但有 22 个损坏；水文和气象站点均正常运行，由广西壮族自治区推送至凌云县平台，报汛间隔为 1h，凌云县水利局对暴雨发展情势掌握不及时。6 月 16 日夜、6 月 17 日凌晨，伶站瑶族乡九民村电力、通信不稳定，导致九民村监测站点报汛延迟，凌云县水利局和伶站瑶族乡、九民村的联络也受到较大影响。

预警方面，凌云县水利局并未通过县级监测预警平台发布预警信息，监测预警平台没有建立自动监测站点、小流域、乡村责任人、预警指标之间的关联关系，预警指标设置不尽合理。在"2019·6·16"暴雨洪水中，系统仅发挥了雨水情信息查询的作用。

资料来源：

综合百色水利电力设计院出具的《伶站瑶族乡九民村弄盂屯上游垭口洪水分析计算》、广西壮族自治区水利厅关于此次灾害汇报材料以及中国水利水电科学研究院编制的《广西凌云县"6·16"山洪灾害防御情况调研报告》等内容（调研人：丁留谦、何秉顺、张大伟）。

5.22　湖北鹤峰县躲避峡"2019·8·4"山洪灾害

溇水河流域属亚热带季风性山地湿润气候。冬少严寒，夏无酷暑，雨量充沛，四季分明。海拔落差大，垂直差异突出，小气候特征明显。躲避峡河又名铁锁桥河，属溇水支流，位于鹤峰县容美镇屏山村与燕子镇新寨村交界处，发源于新寨村邱台、团堡一带，河流呈长带形，由东北流向西南，南北长、东西短，地势为东北高、西南低，于燕子桥水库大坝上游 2km 处汇入溇水河。躲避峡河流域面积为 30.92km²，主河道全长 14.23km，平均坡降为 54‰。流域内最高点海拔为 1973m，最低点海拔为 540m。地形特征是以构造溶蚀地貌为主，岩溶发育，流域内群山矗立、峰峦起伏，地表破碎、切割深、坡度大。流域内植被良好，河流源头为无人居住区。躲避峡河河道狭窄、坡降大，河水暴涨暴落。铁锁桥河流域下游溇水干流上建有燕子桥中型水库电站 1 座，躲避峡河就在燕子桥水库大坝上游 2km 处汇入溇水河。

躲避峡事发河段——躲避峡峡谷位于河口以上 4.7km 左右，河段左岸中上游为燕子镇新寨村管辖，下游为容美镇庙湾村管辖，右岸为容美镇屏山村管辖。该河段河水清澈见底，河道坡降大，河道两岸光滑，河道最窄处仅 1.5m 左右，河床乱石林立，河段内跌坎和深潭交替出现，从河源向下游形成多级瀑布。峡谷两岸皆为斧斫刀劈般的百丈绝壁，形成罕见的峡谷和地缝风光。躲避峡河是有着数百年历史的容美土司爵府的天然护城河，也因有利于容美土司躲避而得名，被称为是北纬30°的最后一个桃花源，中国的"仙本那"。躲避峡峡谷属于未开发景区，夏天常常吸引大量游客自行前来游玩。

5.22.1 雨情

通过湖北省山洪灾害监测预警平台查询，2019年8月4日14—20时躲避峡事发河段周边山洪自动站点累积降雨量情况为：江坪4.5mm，湖坪2.5mm，下坪2.0mm，铁索桥河11.5mm，溪坪12.5mm，云南庄（庙湾）0.0mm。8月4日鹤峰县50个加密雨量站实况监测显示，中雨及以上19站，其中大雨4站，暴雨1站。躲避峡区域无雨量监测站，但临近站点瓦窑16—17时降雨量为24mm，躲避峡区域上游木林子监测站15—18时3h累积降雨量为24.4mm，其中15—16时1h降雨量达22.5mm，达到了暴雨级别。暴雨区域距离躲避峡直线距离只有几公里，对山洪的形成有一定的影响。

通过对比水文、气象和山洪站点监测的数据，整个降雨历时仅2h，集中在8月4日15—17时，17时后就基本停了。水文和山洪站点监测到的最大1h降雨量为10.5mm；气象站点监测到的1h降雨量为11.5～24mm，但过程累积最大降雨量为28mm，详见表5.36。

表5.36 躲避峡邻近区域8月4日14—20时实时降雨量统计 单位：mm

站名	时段降雨量						合计
	14—15时	15—16时	16—17时	17—18时	18—19时	19—20时	
溪坪		2.0	23.9	1.1			27.0
瓦窑			24.0	1.2			25.2
燕子坪		11.5	15.5	1.0			28.0
木林子		22.5	1.8	0.1			24.4
下坪		1.5	10.5	0.5			12.5
北佳			8.5	6.0			14.5
屏山			1.5	0.5			2.0
燕子桥水库			0.0	0.0			0.0

根据恩施土家族苗族自治州水文水资源勘测局的调查发现，2019年8月4日暴雨中心位于七丈五、药材厂、邱台、瞿家坪、团堡、和尚坪等一带，暴雨区范围约10km²，3h累积降雨量为20～40mm，最大1h降雨量为20～30mm。临近流域燕子坪雨量站最大0.5h、1h、3h降水量比历年均值相比偏少39.1%、44.6%、60.8%。

5.22.2 水情

8月4日18时至5日1时，鹤峰县燕子桥水库水位涨幅达1.36m，调查库容增量为52万m³。鹤峰县躲避峡事故事发地暴雨洪水最大洪峰流量约为16.8m³/s，水位涨幅达1.50m左右，流速达5.0～7.0m/s，遇跌坎时流速超过7.0m/s，见图5.21。

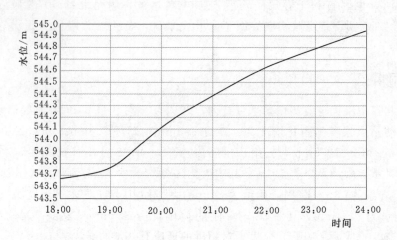

图 5.21　燕子桥水库 8 月 4 日 18—24 时坝前实时水位过程线

5.22.3　灾情及预警发布情况

此次灾害造成 13 人死亡，61 人被困。鹤峰县山洪灾害监测预警平台相关区域未产生山洪预警。

点评：

汛期正值暑假旅游、出行旺季，部分旅游、出行、徒步、溯溪的非本地人员遭遇山洪灾害事件，发生人员伤亡。此次灾害发生区域为未开放旅游区域，是网友眼中"网红"打卡景区，但大量游客仍通过各种渠道进入景区，监测预警及转移工作极为困难。

（1）2019 年 8 月 4 日发生鹤峰县躲避峡峡谷的山洪灾害事件，起因是流域源头无人区至流域上中游的短历时、小范围强降雨，俗称"坨子雨"；躲避峡流域以构造溶蚀地貌为主，群山矗立、峰峦起伏的地形特征，以及躲避峡河河道狭窄、坡降大、河水暴涨暴落的流域特性也是造成此次山洪灾害的重要因素。

（2）重点防治区往往在流域中上游，站点布设偏少，成为监测盲区，进而形成防御盲区。躲避峡流域实际发生在 $10\mathrm{km}^2$ 范围内的降雨就无法进行有效监测和预警。

（3）鹤峰县躲避峡事发地两岸均为悬岩峭壁，遇突发性山洪因水流上涨速度快、水流速度大而来不及避险，极易造成人员伤亡事故。作为一处尚未开发的热门景区，发生这样的山洪灾害事件既有其偶然性，但也有其必然性，景区管理方式上需进一步完善。有必要全面强化景区管理，进一步加强外来人员的人身安全管理，采取措施，加强对户外人员集中活动场所的灾害警示和临灾预警。

资料来源：

综合恩施土家族苗族自治州水文水资源勘测局《鹤峰县躲避峡"20190804"暴雨洪水分析》以及湖北省水利厅汇报材料进行整理。

5.23 湖北郧阳区"2019·8·6"山洪灾害

2019年8月5夜晚至6日凌晨,湖北省十堰市郧阳区境内出现大范围的强降雨过程,大部地区降中到大雨,局部降暴雨到大暴雨,造成"2019·8·6"重大山洪灾害险情发生。其中,柳陂镇青龙山3组受灾最为严重,6日凌晨特大强降雨引发山洪导致房屋倒塌和损毁,13人遇难。

5.23.1 概况

事发地柳陂镇青龙山村3组地处柳陂岛以西李家沟(小型历史冲沟)沟口下游,有一条南北走向的乡村公路贯穿谷地,沿东侧山坡穿过分水岭,公路西侧为干沟谷地,地形呈陡坡状。发生重大人员伤亡地区位于南北走向的乡村公路东侧,山脚下青龙山村村委会3层楼前方的砖木结构简易房屋群,该处房屋基本全部被山洪冲毁倒塌。

李家沟沟长1km左右,沟宽200~1000m,平均宽度约700m,沟底宽度为20~50m,山顶与沟口垂直高差近80m,据水文部门现场测量,沟内集雨面积约0.716km²。沟内坡耕地面积约8亩,种植玉米、花生等旱地作物以及果树。在山坳以下约1.25km、下游沟口房屋安置点以上约400m处,有一条长85.6m、顶宽3.3~3.5m、高2~3m的机耕路,该路是当地村民为便于出行,在20世纪70年代修建的梯田田埂基础上,不断加高培厚建成的,路下埋设一根直径40cm的排水涵管,该机耕路具有保持坡面水土的功能,但不具备蓄水功能。

5.23.2 雨情

8月3—6日先后发生两次强降水天气过程。8月3日8时至4日12时,郧阳区出现强降雨天气过程,大部降中到大雨,并伴有雷电和大风灾害,局部降暴雨到大暴雨,降水主要集中在柳陂、红岩背、鲍峡、胡家营、青曲等乡镇,有52个站点降雨量超过25mm,有24个站点降雨量超过50mm,有4个站点降雨量超过100mm,分别为柳陂188.8mm、韩家洲169.8mm、大堰沟117.0mm、麒麟106mm,全区累积平均降雨量为46mm。

8月5—6日,十堰市发生一轮强降雨过程,全市有71个站点(共有336个站点)降雨量超过50mm、16个站点降雨量超过100mm。8月5日13时至6日13时,郧阳区普降大到暴雨,局部降大暴雨到特大暴雨,平均降雨量为58.8mm,超过100mm以上的站点有8处,最大降雨量位于柳陂站,累积降雨量为199mm,最大6h降雨量为178mm,接近200年一遇,详见图5.22。通过走访当地群众以及年长的老人,均表示从未见过这么大的降雨,郧阳区两次降雨量情况见表5.37。

5.23.3 水情

2019年8月3日21时至4日7时,青龙山村曾发生一轮较强降雨,由于此前机耕

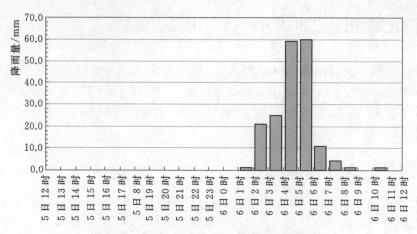

图 5.22　郧阳区柳陂镇兰家岗站雨量监测结果

表 5.37　　　　　　　　　　　　　郧阳区两次降雨量情况　　　　　　　　　　单位：mm

站名	降雨量		站名	降雨量	
	8 月 3—6 日	8 月 5—6 日		8 月 3—6 日	8 月 5—6 日
柳陂	387.9	199.1	城关	124.9	73.1
韩家洲	283.0	113.2	高桥	109.9	52.2
魏家铺	211.4	119.1	五峰	109.9	85.2
大垭子	207.0	110.5	谭家湾	108.3	66.2
鲍陕	190.9	105.9	韩家沟	99.6	73.9
红岩背	173.9	92.1	青曲	99.2	64.5
茶店	168.6	122.1	胡家营	97.7	34.1
迷魂帐林场	141.1	66.3	曾家沟	91.3	77.0
彭家湾	134.5	115.1	土地沟	90.7	37.6
皮鼓	125.8	98.2	刘湾	88.5	43.4

下的方形砌石涵管已部分堵塞，致使降雨后机耕路上游形成"水塘"，据当地村民反映，"水塘"水位最高时距离机耕路路面约 1.2m。8 月 4—5 日，当地晴热高温，加上地渗和涵洞自留，水位缓慢下降。8 月 6 日凌晨，青龙山村再次遭遇强降雨，突发山洪冲毁机耕路，引发塌陷性溃决，溃口上宽 26.6m、下宽 19.9m，溃口深度 5.08m，推算溃口外溃决流量为 118m³/s，过程洪量约 11.5 万 m³，溃决后形成洪峰叠加加重了灾害。

机耕路溃决后，山洪沿宁国路西侧谷地一直向南流，在村庄中部，村委会办公楼附近，因前方有地势较高房屋阻挡后，越过公路冲向东侧村委会办公楼前方的民房。从机耕路上游坡耕地种植的果树观测，上游洪水水位为 1m 左右，机耕路已溃决。机耕路溃决后，山洪沿公路西侧谷地行进时，谷地内有几栋民房进水，其中位于洪水流道正中间一栋两层楼房，仅迎水面砖木结构偏房冲毁，混凝土两层楼房仅屋内进水，墙面受损。

5.23.4　灾情

短时强降雨造成柳陂、鲍峡、茶店等 14 个乡镇严重受灾。据统计，强降雨致 13 人遇难（柳陂镇青龙山村人），1 人失踪（鲍峡镇），多个乡镇道路、电力、通信、网络中断，公路、桥梁受损严重，受灾人口约 3.87 万人，农作物受灾 3.436 万亩，死亡大牲畜 1547 头，44 户房屋倒塌，损毁房屋 164 户，转移人员 3000 余人，冲毁水塘 3 个，冲走水产品 0.9 万 kg，香菇棚受损 1080 个，河道、河堤冲毁严重，饮水管道受损严重，损毁渠道 80.5km。各类直接经济损失约 2.489 亿元。水利设施直接经济损失约 4600 万元。

5.23.5　防御过程

5.23.5.1　水利部门监测预警过程

2019 年 8 月 5—6 日，郧阳区共产生山洪预警 4 次，对外发布预警 3 次，共发送预警短信 355 条。

8 月 5 日 21 时 51 分，郧阳区防汛办值班人员与气象局联系，根据雷达回波显示，降雨集中在鲍峡、叶大一带，至郧阳区境内时，雨势减弱，雨量较小。

8 月 6 日 1 时 55 分，郧阳区防汛办值班人员接到气象局来电，报告五峰彭家湾 1.5h 降雨量为 36mm；1 时 58 分，值班人员告知五峰乡政府值班人员雨情，要求做好彭家湾防范工作。

8 月 6 日 2 时，郧阳区防汛办值班人员接到气象局来电，报告彭家湾 1h 降雨量为 77.9mm；2 时 3 分，接到气象局来电，告知柳陂老集镇、新集镇降雨量比较大；2 时 4 分，郧阳区防汛办值班人员电话通知柳陂镇政府实时降雨情况，并要求做好防范和应对工作；2 时 6 分，郧阳区防汛办值班人员再次联系五峰乡政府值班人员，要求做好彭家湾防洪工作；2 时 11 分，电话联系五峰乡政府，了解花瓶沟预警工作，要求加强防范部署工作；2 时 15 分，值班人员通过监测预警系统，监测到柳陂（辽瓦）、五峰、青曲镇回波较强；2 时 18 分，郧阳区防汛办值班人员通知相关乡镇注意防范；2 时 19 分，电话通知柳陂镇，通知该镇辽瓦一带雨量较大，注意防洪；2 时 20 分，通知青曲镇注意防范；2 时 28 分，通知鲍峡镇政府，目前五峰、柳陂一带雨量较大，做好分水岭上次进水户防范工作；2 时 29 分，通知城关镇加强低洼地带防洪工作，同时，接郧阳区气象局电话报告彭家湾降雨量为 91mm，柳陂韩家洲降雨量为 27mm；2 时 36 分，电话联系五峰乡通知彭家湾村书记，加强巡查。

8 月 6 日 3 时 22 分，郧阳区防汛办值班人员通知青曲镇政府王家山降雨量为 63.5mm，做好防范工作；3 时 35 分，接到郧阳区气象局柳陂镇雨情报告，柳陂降雨量为 106.7mm，韩家洲降雨量为 81.4mm；3 时 38 分，通知柳陂镇政府值班人员，请各村做好防范山洪、过河路堤及低洼地带的防范工作；3 时 44 分，通知胡家营镇政府值班人员加强防范。

8 月 6 日 4 时 24—36 分，郧阳区防汛办值班人员电话通知白鹤铺水库值班人员，请关注水雨情；通知柳陂、青曲、五峰、叶大、茶店等乡镇做好防范工作。五峰花瓶沟水库开始溢洪，已通知关注，并注意溢洪时通知水库下游。

8 月 6 日 5 时 50 分，柳陂镇政府反映白鹤铺水库即将溢洪，要求放水。

8 月 6 日 6 时 7 分，郧阳区防汛办值班人员通过监测预警系统监测到青龙山村琵琶滩产生预警，通知青龙山村注意防范。6 时 9 分，启动防汛 IV 级应急响应，迅速通知各乡镇和相关部门行动。12 时，启动防汛 III 级应急响应，防汛值班人员迅速通知各乡镇和相关部门行动。

5.23.5.2　基层乡镇、村响应过程

2019 年 8 月 5 日，柳陂镇召开抗灾救灾工作安排部署会，要求干部迅速下村以指战所为单位迅速检查灾情，排除险患，及时抢险救灾，遇特殊情况及重大灾情迅速上报。2019 年 8 月 5 日 20 时柳陂镇政府召开领导班子会，会议要求进一步压实责任，切实做好各村减灾救灾工作。会后，各班子成员都留宿在镇政府，当天带班领导和值班人员均在岗值守。8 月 6 日凌晨 2 时 17 分左右，接到郧阳区防汛办预警电话，随后值班人员在柳陂政务微信群发布灾情预警信息，让各村做好灾害预警防范，同时电话通知各村干部加强防范。凌晨 2 时 30 分，青龙山村干部到地埂发现雨较大，地埂有危险，迅速从地埂以下开始逐户向村部方向通知并组织人员撤离，同时将情况报告给镇政府及派出所，全体领导班子成员及救援人员迅速赶到现场开始救援，当晚共转移 51 人。

点评：

湖北省十堰市郧阳区这次灾害成因是短期内两次强降雨过程叠加，突发山洪冲毁机耕路，引发塌陷性溃决，次生灾害的叠加效应加重了灾害损失，导致下游房屋冲毁造成人员伤亡。这起事件也充分说明由于山洪灾害突发性强、点多、面广、分散，且集中在山丘区，这些特点决定了防御工作的前沿在基层，防御工作的成败，关键也在基层。

（1）郧阳区"2019·8·6"山洪灾害是两场短历时强降雨叠加造成的自然灾害，承灾体的脆弱性加剧了灾害程度。分析遇难的村民，基本上为老人、妇孺，其中 60 岁以上 4 人，50～60 岁 3 人，18～50 岁 2 人，7 岁以下 4 人，遇难村民最大年龄 92 岁，最小仅 3 岁，仅 1 人为青壮年男性。因而，房屋和人员的脆弱性加剧了灾害程度。

（2）山洪灾害防治项目构建的山洪灾害防御体系发挥了重要的防灾减灾作用。从郧阳区"2019·8·6"山洪灾害应对情况来看，郧阳区防汛值班值守得到强化，气象预报预警和水雨情信息及时传递到基层，山洪灾害防御体系起到了积极作用，村组干部连夜查看隐患和通知群众转移，采取了积极措施。

（3）郧阳区山洪灾害防治工作中存在短板和薄弱环节。山洪灾害主要集中在山丘区，山洪灾害防御工作的前沿和重点均在基层。虽然"2019·8·6"山洪灾害应对及时，但从郧阳区山洪灾害防御实际工作情况看，仍然存在短板和薄弱环节。

1）机制体制不顺。一直以来，山洪灾害防治立足于各级防汛办，采取项目建设的思路，由项目建设专班或项目法人负责项目建管和系统运行维护。随着机构改革的深入，脱离了各级防汛办这个基本前提，对县级水利部门来说，推动已建防御责任制组织体系运转没有抓手，预警由命令向服务转变机制尚未成型。

2）运行维护不足。有山洪灾害任务的县（市、区）均处于经济欠发达地区，因此，各县除勉力争取的少量平台运行、自动站点运行维护资金外，预警广播、简易雨量报警站等预

警设施，因维护经费短缺，无法对于监测站点和预警设施设备的补充更新及日常维护，这将影响山洪灾害防御体系发挥效益。

3）防御意识不强。郧阳区多年来均以抗旱为主，较少遭遇暴雨洪灾，群众缺乏山洪防御意识和应对经验。然而，由于气候变化的影响，极端天气频发，旱涝急转已成为新常态，因此只有切实做好宣传培训演练等相关工作，增强社会公众防御山洪灾害的意识，才能有效发挥专业防御的作用，防范山洪灾害风险。

4）对潜在的风险隐患重视不够。尽管此次豁口处便道已存在了近50年，且一直都没发生大的险情，而且实际上，甚至在8月3日降雨滞水、积水后，当地村干部8月4日还研究了便道破口的问题，但终究还是由于麻痹和侥幸心理，议而未决。

资料来源：

湖北省防汛办、郧阳区防汛办汇报材料，中国水利水电科学研究院《湖北郧阳区"8·6"山洪灾害防御情况调研报告》（调研人：彭静、刘昌军、李青）。

5.24 四川汶川县"2019·8·20"特大山洪泥石流灾害

2019年8月19日2时开始，汶川县发生持续降雨，直至8月22日14时基本结束，主雨集中在20日0—4时，暴雨引发多地洪涝、地质自然灾害，其中8月19日8时至8月20日8时，汶川县内普降大到暴雨，此次强降雨诱发了"2019·8·20"特大山洪泥石流。

5.24.1 雨情

2019年8月18日晚上起，汶川县开始了一次强降雨过程。8月19日8时至8月20日8时，汶川县普降大雨，1个站点达到特大暴雨，16个站点达到大暴雨，5个站点达到暴雨。此次降雨过程中，汶川县境内最大1h降雨量为寿溪控制站郭家坝站43.5mm，最大3h降雨量为渔子溪木江坪站81mm，最大6h降雨量为渔子溪木江坪站96.8mm，过程累积降雨量最大为寿溪三江口站332.6mm，其中草坡河克充站最大3h、最大6h降雨量均超过100年一遇。汶川县"2019·8·20"山洪泥石流事件代表性站点降雨过程见图5.23。

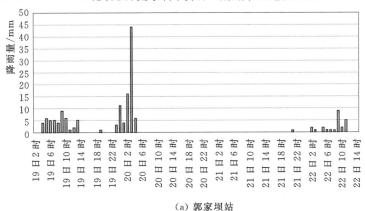

（a）郭家坝站

图5.23（一） 汶川县"2019·8·20"山洪泥石流事件代表性站点降雨过程

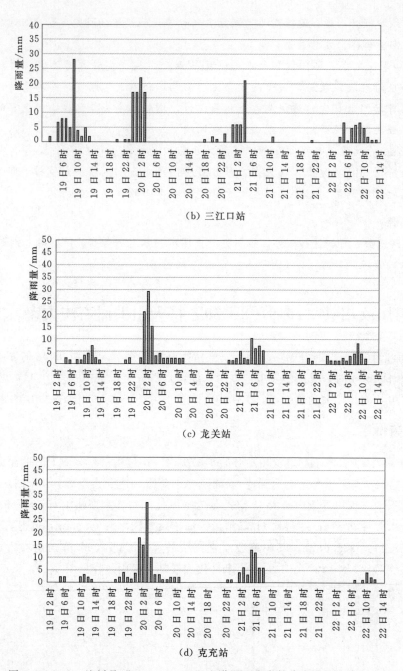

图 5.23（二）　汶川县 "2019·8·20" 山洪泥石流事件代表性站点降雨过程

5.24.2　水情

受强降雨影响，汶川县境内多条河流发生大洪水甚至特大洪水。寿溪控制站郭家坝水文站在 20 日 3 时 15 分出现洪峰水位 904.85m，相应流量为 1860m³/s，洪水频率为 50 年一遇，最大 1h 水位变幅达 3.75m。草坡河克充水位站 20 日 3 时 45 分出现洪峰水位

1289.50m，相应流量为573m³/s，为超100年一遇洪水。渔子溪中游龙关水位站20日3时15分出现洪峰水位1522.73m，水位变幅为1.61m。下游渔子溪站20日5时出现洪峰水位886.88m，相应流量为570m³/s。

采用中国水利水电科学研究院研发的FFMS软件，对草坡流域、寿溪流域、鹞子沟流域和龙潭流域进行了无资料小流域暴雨洪水和泥石流过程计算，得到了各流域出口暴雨洪水过程、不同河段洪峰流量过程和泥石流流量与过程，见图5.24和图5.25。该计算结果与四川省水文局调查与计算结果较为一致，见表5.38。

5.24.3 灾情

此次山洪泥石流灾害导致汶川县受灾80452人，死亡38人，转移48862人，其中疏散游客27200人，倒塌房屋76户228间，受损房屋571户1704间；农作物受灾1979.86hm²，成灾面积1185.26hm²，绝收800hm²；堤防受损53处64km，公路中断8条次，供电中断13条次，通信中断8条次。死亡、失联的38人中，中小河流洪水17人

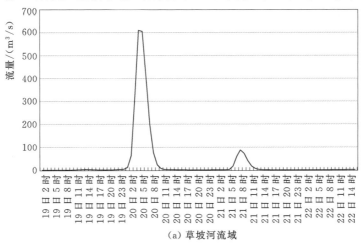

（a）草坡河流域

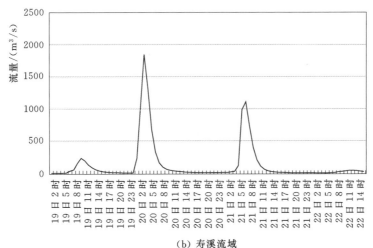

（b）寿溪流域

图5.24（一）　汶川县"2019·8·20"山洪泥石流事件四个流域出口洪峰流量过程

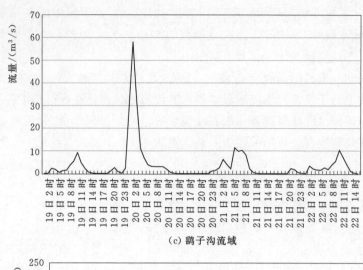

（c）鹞子沟流域

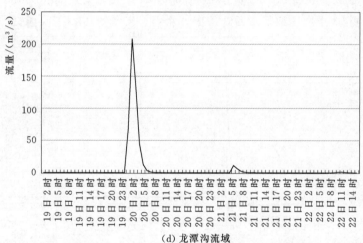

（d）龙潭沟流域

图 5.24（二）　汶川县"2019·8·20"山洪泥石流事件四个流域出口洪峰流量过程

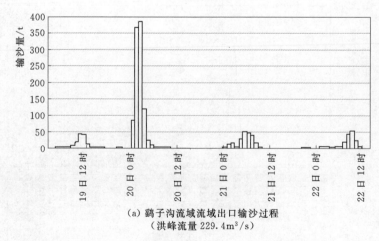

（a）鹞子沟流域流域出口输沙过程
（洪峰流量 229.4m³/s）

图 5.25（一）　汶川县"2019·8·20"山洪泥石流事件鹞子沟和龙潭沟流域出口输沙过程及洪峰流量

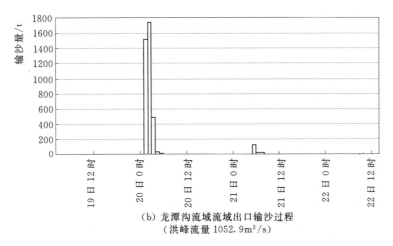

（b）龙潭沟流域流域出口输沙过程
（洪峰流量 1052.9m³/s）

图 5.25（二）　汶川县"2019·8·20"山洪泥石流事件鹞子沟和龙潭沟流域出口输沙过程及洪峰流量

表 5.38　　　　　　　　　　　各流域洪峰流量计算与调查统计

流域名称	最大 1h		最大 3h		最大 6h		洪峰流量/(m³/s)	计算结果	洪水频率/a	泥石流量/(m³/s)	计算结果
	雨量/mm	频率（重现期）/a	雨量/mm	频率（重现期）/a	雨量/mm	频率（重现期）/a	实测结果			实测结果	
寿溪	43.5	—	65	—	82.5	—	1860	1844	50		
草坡河	31.8	25	65.6	110	82.2	170	573	609	超100		
龙潭沟	28.6	10	64.8	110	74.2	60	184	208	100	920	1053
鹞子沟	28.6	10	64.8	110	74.2	60	38	58	100	190	229

（占 45%），其他类型（泥石流、意外）21 人（占 55%）；从灾害环节看，转移过程中死亡、失联 19 人（占 50%），转移不及 12 人（占 32%），抢救财物或不愿转移 4 人（占 10%），其他 3 人（占 8%）；从人员类型来看，村民 15 人（其中 4 人为责任人，履职过程中死亡、失联，占 39%），游客及外来人员 16 人（占 42%），企业职工和抢险人员 7 人（占 19%）。

5.24.4　防御过程

5.24.4.1　水利部门监测预警过程

8 月 18—19 日，气象部门就陆续发布了多次暴雨蓝色预警，接到预警信息后，汶川县水务局及时通过微信、QQ、短信和电话等多种方式进行传达，将预警信息通知到了各乡镇和各重点防汛单位。

8 月 19 日 17 时，气象部门发布蓝色气象预警，接到县级气象、防汛、应急等部门发布、传达的预警信息后，各乡镇通知各村组相关责任人，立即到岗到位，加大巡查频次，加强对水情的监测。在监测人员发现水位上涨迅速时，立即组织沿河群众撤离，同时向乡镇政府报告。

8月19日20时，开始下雨，各乡镇、村防御部门通过微信、短信等方式接收到县级气象、防汛、应急等部门发布、传达的预警信息，各村组责任人开始做好转移工作。

8月20日0时，突降暴雨，三江口雨量站1h降雨量为17mm，1时48分，山洪监测平台向耿达镇5个危险区发布准备转移的预警，县级防御部门立即电话通知耿达镇政府，要求在开展巡查的同时准备转移，耿达镇政府值班人员当时已经在开展巡查，准备转移工作。

8月20日2时17分，山洪监测预警平台向耿达镇发布立即转移预警，汶川县水务局办公室电话通知三江镇值班人员，镇政府正在组织转移。

8月20日3时3分，山洪监测预警平台向绵虒镇发出羌锋村准备转移的内部预警后，立即打电话到绵虒镇政府，当时镇政府已经在组织转移工作。

8月20日3时5分，山洪监测预警平台向水磨镇14个村发布18条准备转移的内部预警后，立即打电话通知水磨镇政府，当时镇政府已经在组织转移工作。

8月20日3时23分，山洪监测预警平台向银杏乡桃关村发布准备转移的内部预警，银杏乡值班电话、座机、相关责任人电话均未能接通，漩映片区电话均无法接通。

8月20日4时13分，山洪监测预警平台向克枯乡下庄村、绵虒镇发出内部预警，绵虒镇值班电话未能接通，克枯乡下庄村茶园沟已经暴发了泥石流，当时乡政府正在转移群众。

5.24.4.2　基层乡镇、村响应过程

1. 三江镇照壁村

8月20日降雨后，村组干部加强巡查，及时转移照壁村400户12500人。三江镇康养半岛工棚、水岸明珠小区、汇泉苑3处为非山洪灾害防治区，位于三江镇集镇范围，共造成死亡15人，其中游客13人，外来务工人员2名，均为通知转移后回去收拾财物来不及转移。

2. 三江镇街村

8月19日15时，街村村长和值班人员微信群收到国土、气象部门发布的蓝色预警，村支书通知各小组做好转移准备，20日1时，收到山洪监测预警平台和微信群的立即转移信息，立即启动山洪灾害防御预案，村委会立即组织村民转移，半小时转移后街村村民1000余人，3时5分，水位暴涨10m多，两名游客在转移过程中因跑错路线被洪水冲走死亡。

3. 耿达镇鹞子沟村

耿达镇鹞子沟村属地质灾害隐患点，鹞子沟村位于面积约5km²的鹞子沟小流域，8月19日15时收到国土、气象部门发布的预警信息，村委会主任通知责任人做好监测和巡查工作，同时将游客转移。8月20日2时5分左右，责任人在监测和巡查时，突发山洪泥石流，沟左岸2户7人瞬间被泥石流冲走。发生泥石流后，村支书立即组织有关人员进行救灾和等待救援。鹞子沟和龙潭沟泥石流同时冲入龙潭沟水电站，造成龙潭沟水电站闸门无法打开，洪水堵塞淹没道路，电站值班人员和村委会主任从山顶绕行至灾害现场组织救灾工作。

4. 绵虒镇两河村

绵虒镇两河村156户503人，8月19日16时，接到国土、气象部门发布的山洪地质灾害气象预警，值班人员通知转移，17时转移30余人，8月20日0时前最后200余人已

全部转移完。村委会主任在转移完村民后，回家转移卧病不能行动的妻子，2人在转移过程中，被泥石流冲走死亡。本次两河村泥沙流过程迅猛、时间短，十几分钟就造成13户房屋被冲走，80户房屋一楼几乎全部淤平。如果不及时转移，此次山洪地质灾害将造成数百人的伤亡，山洪灾害防御系统和群测群防体系发挥了巨大作用。

5. 绵虒镇金波村

绵虒镇金波村位于山簸箕沟和金波寺沟交汇口下游，2019年8月20日暴发山洪泥石流，气象部门多次发出雷电和暴雨预警，8月19日17时左右，汶川县水务局发布气象蓝色预警信息，水利局通过电话、微信等方式通知村干部及责任人，做好山洪监测和准备转移工作。8月20日凌晨1时山洪监测预警平台发出预警，村支书听到沟道内泥石流声音，开始组织各小组转移村民，2时左右村里全部人员已转移，村小组组长为确保村民全部转移，前往村民家检查是否有未转移人员，途中遭遇泥石流，被洪水冲走死亡。此次山洪泥石流过程时间短，泥石流水位上涨速度快，水位抬高约7m，瞬间淹没了村民家的一楼和二楼，村里多处房屋被掩埋。监测预警和群测群防体系在金波村山洪灾害防御过程中发挥了重要作用。

6. 绵虒镇羌锋村

羌锋村位于汶川县绵虒镇都汶高速路旁，共253户923人，8月19日下午村委会值班人员接到气象预警信息开始监测和巡查，19日21时羌锋村接到汶川县山洪灾害预警信息，开始转移村民至村委会进行安置，20日2时泥石流暴发，十几座房屋被掩埋至泥石流堆，部分房屋被损毁，为确保群众生命安全，村干部又紧急将村民转移到村后山平台安置地点。羌锋村村民全部成功转移，无一人伤亡；若不及时转移，将造成数百人伤亡。

点评：

我国西南山区是泥石流频发重发的区域，四川省汶川县是山洪泥石流灾害高风险区，分别于2011年、2013年、2017年发生较大山洪泥石流灾害，受到2008年地震的影响，地表碎屑松动，山体破碎、泥石流随山洪进入河道淤积抬高水位，极大地增加了致灾因素，具有点多面广、山洪泥石流伴发和群发、人员伤亡重等特点。汶川县多处出现山洪、泥石流、滑坡等灾害，造成较大人员伤亡，由于处在旅游高峰季节，人员转移工作量极大，全县转移人员48862人（其中疏散游客27200人），造成16名游客死亡，此次灾害防御过程中，各级政府、党委认真履行主体责任，基层干部认真负责，群众转移及时，减小了灾害损失，群测群防作用体现非常明显；而针对外来人员，尤其是旅游人员的管理问题值得引起高度关注。

(1) 汶川县"2019·8·20"特大山洪泥石流灾害为超标准降雨引发的洪水、泥石流、滑坡等自然灾害，成灾快、来势猛，防御难度大。主雨集中在8月20日0—4时，最大1h降雨量为43.5mm，最大3h降雨量为81mm，最大6h降雨量为96.8mm，过程累积降雨量为332.6mm，其中草坡河克充站最大3h、最大6h降雨量均超100年一遇。汶川境内寿溪、草坡河、龙潭河、鹞子沟发生大洪水甚至特大洪水。其中草坡河克充站20日3时45分出现洪峰水位1289.5m，相应流量为573m³/s，为超100年一遇洪水。汶川县"2019·8·20"特大山洪泥石流灾害分布范围广、破坏性强，特别是"5·12"汶川地震之后，山体破碎、河道淤积，极大地增加了致灾因素，具有点多面广、山洪泥石流伴发和群发、人员伤亡重等特点。

（2）建设的山洪灾害监测预警系统、群测群防体系和水利设施在山洪灾害防御中发挥了重要作用。汶川县自动雨量站点 32 个（共享水文部门自动雨量站 9 个），站点密度为 125km^2/站，寿溪流域上分布有三江口雨量站、席草林雨量站（设备故障）、三江口水位站、郭家坝水文站（水磨镇），草坡河流域内有沙排雨量站和克充水位站（中小河流建设站点），从 8 月 19 日 2 时开始，汶川县境内开始降雨，直到 8 月 22 日 14 时降雨基本结束，主雨主要集中在 8 月 20 日 0—4 时。汶川县气象、水文、防汛系统建设的监测站点数据均能共享，同时也能共享查询上、下游县的数据。

（3）阿坝州、汶川县等各级政府、党委认真履行主体责任，基层干部认真负责，群众转移及时，减小了灾害损失。在遭遇"2019·8·20"极端特大洪水灾害时，各级政府、党委认真履行主体责任，及时转移群众，避免了集中大规模人员伤亡。两河村和金波村村干部为确保群众全部转移，自己及家人病人没有来得及转移被洪水冲走死亡，充分展现了基层干部舍小家顾大家、不惜牺牲自我的可歌可泣精神。

（4）加强山洪灾害风险分析，对危险区实行分级管理。在此次灾害防御过程中，监测预警到位、责任人履职尽责，但仍然没有实现零死亡，暴露出类似汶川的山洪灾害高风险区域，仅仅依靠常规的监测预警、群测群防等措施，难以满足防灾减灾需求。应在汶川县进一步加强山洪灾害风险分析，对危险区实施分级管理，根据不同级别区域采取针对性防灾减灾措施，如在极高风险区域实施预报转移，通过隐患梳理排查划定极高风险区域，制定人员转移清单和对应的安置点清单，签订三方（转移人、接安人、乡镇政府）结队转移协议，一旦预报危险区有暴雨天气过程，立即按预案提前转移，结队转移产生的费用由地方财政予以支持。四川省宜宾市屏山县在这方面创造了经验，尽管是国家级贫困县，仍然每年预算安排 120 万元，按每人每天 20 元用于结队转移避险结算，成效显著。

（5）汶川县山洪灾害防治体系存在的短板和薄弱环节。

1）安排部署针对性不够。汶川县防汛减灾举措多为常规举措，对地处"5·12"震中、龙门山暴雨区，旅游人口多、人员密集、流动性大等特殊情况针对性不够，12 人因灾害迅猛、转移不及时导致死亡、失联，集中反映出常规的安排部署和预警转移措施不能完全适应旅游地区特殊的防灾减灾形势，安排部署和具体举措仍需进一步强化。

2）监测预警流程有待进一步优化。各阶段、各类预警信息主要通过 QQ 群和微信群发布，信息接收反馈不到位，响应措施不明确。汶川县山洪泥石流伴发，预警指标设置不够合理，对上游监测设施设备布置较少。

3）"最后一公里"措施有待进一步完善。转移过程中因灾死亡、失联 19 人，部分特殊群体无专人帮扶（足湾村、两河村等），部分群众盲目转移（三江镇），反映出防汛应急预案不够细，针对性不够强，对游客及外来人员的宣传演练不到位。

资料来源：

综合四川省水利厅汇报材料以及中国水利水电科学院编制的《四川汶川县"8·20"山洪灾害防御调研报告》等内容（调研人：彭静、刘昌军、李青）。

5.25 小结

2000 年以来，有人员伤亡的山洪灾害事件时有发生，本章选取的 24 起山洪灾害非常典型，伤亡惨重，教训深刻，值得我们认真反思，对山洪灾害防御工作有重要的借鉴意义。从灾害成因上看，局地强暴雨山洪是造成人员伤亡的主要原因，河势、地形等下垫面条件放大了灾害效应，预警信息未及时传达、灾害防御意识薄弱等问题仍然不同程度存在，天灾背后的人祸值得深思，尤其需要警惕人员密集区（学校、旅游景区）群死群伤事件再次发生。从灾害防御过程来看，预报预警、转移避险等环节也存在不同程度的短板。

警示之一：山洪历时短，洪水量级大。多起灾害事件中，局地强降雨达到百年一遇，甚至千年一遇，形成在山丘区陡涨陡落洪水，洪水量级大，造成较大人员伤亡。

警示之二：突发性强，破坏力强。山洪灾害来势十分迅猛，在短时间内就造成了极大的破坏力，导致道路、供水、供电、通信中断，使抢险救援工作开展和灾区群众自救逃生困难。

警示之三：预警不及时不到位，"最后一公里"问题有待进一步完善。目前，各种预警信息呈现"井喷"态势，预警信息的效力在削弱，关键时刻必须通过电话等方式进行确认。同时，各阶段、各类预警信息主要通过 QQ 和微信群发布，信息接收反馈不到位，响应措施不明确。

警示之四：转移过程不坚决不彻底，成为防御过程的突出短板。转移过程中部分特殊群体无专人帮扶，部分群众盲目转移，部分群众转移后又返回家中，还有转移路线不清楚导致人员伤亡的情况均有发生，反映出防汛应急预案不够细，针对性不够强，宣传演练不到位。

警示之五：灾害防御意识薄弱，宣传教育不到位。多起灾害事件均反映出部分群众主动避险、自救意识仍不到位。部分山洪灾害危险区未设置警示牌、宣传栏、避险路线标志，配备的简易雨量报警器和预警广播在山洪灾害防御中没有发挥作用。村级、乡级预案可操作性有待提高，预警启动时机和信号不明确。

警示之六：基层防御人员缺乏，补助经费未到位。受机构改革影响，全国山洪灾害防御人员削弱较为明显，防御值班人员不能熟练操作系统。由于扶贫攻坚资金整合等原因，非工程措施运行维护经费尚未落实，损坏的监测站点也未得到修复，各山洪灾害监测点监测员和预警员均没有补助。

警示之七：外来旅游、务工人员伤亡比重大，成为防御重点人群。汛期正值暑假旅游、出行旺季，部分旅游、出行、徒步、溯溪的非本地人员遭遇山洪灾害事件，发生人员伤亡。常规的安排部署和预警转移措施不能完全适应人员集中区域特殊的防灾减灾形势，需加强对户外人员集中活动场所的灾害警示和临灾预警，安排部署和具体举措仍需进一步强化。

第6章

国外典型山洪灾害事件

通过对 1975—2002 年国际数据的分析表明，山洪灾害（flash flood）的死亡率（3.6%）明显高于其他类型的洪水，甚至与地震和风暴的死亡率不相上下[31]。根据 2007 年国际气象水文部门的一项国际调查，山洪灾害被认定为仅次于强风暴的第二大主要灾害，在所调查的 139 个国家中把山洪灾害所造成的损失排在各类自然灾害中第一位、第二位的国家有 105 个，包括美国、欧盟各国、日本、韩国在内的一些发达国家均已经在国家战略层面采取措施[32]。世卫组织紧急事件数据库（EM－DAT）的不完全统计表明，2000—2018 年全球范围内发生重大山洪灾害 505 次，因灾死亡 18373 人，直接经济损失超过 500 亿美元。其中亚洲地区的因灾死亡人口占全球因灾死亡人口的近 8 成，经济损失占全球的一半以上。2000 年以来世界重大山洪灾害损失情况见图 6.1。

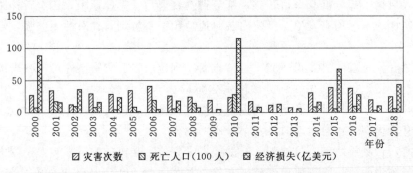

图 6.1　2000 年以来世界重大山洪灾害损失情况

6.1　美国

山洪暴发是美国每年造成死伤人数最多的自然灾害之一，美国山地面积约占总国土面积的 34%，受洪水威胁面积约占国土面积的 7%，影响人口 3000 万人以上，年降水量大体上东多西少，但西部地区突发性洪水频繁。据美国大气研究大学联盟统计，一般情况下，美国洪涝灾害每年造成 150 人死亡，死亡人数比飓风、龙卷风等其他气象灾害都多，其中，美国平均每年有 100 人死于因山洪导致的意外[33]。1959—2005 年期间，美国因山洪灾害死亡约 2300 人，占洪涝灾害总死亡人数的 50%。2006—2015 年，美国山洪灾害死亡 596 人，占洪涝灾害总死亡人数的 71%，山洪发生时死亡于汽车驾驶的人群占比高达 56.7%。

山洪灾害对美国的公共安全和社会经济发展构成了威胁，据 Sharif 统计，美国 48 个州 1995—2008 年期间山洪灾害死亡的人数共计 4713 人，其中得克萨斯州排名第一，死亡人数为 840 人，该州仅 2007 年就发生 63 起水灾，其中 2/3 是山洪灾害，超过一半的山洪灾害损失与汽车遇险有关，77% 人员试图越过山洪淹没的道路和桥梁时死于车中，80% 发生在傍晚 6 点到次日凌晨 6 点之间。

2003 年 8 月 31 日，美国堪萨斯州中西部流域面积仅 5km^2 的山洪沟（Jacob Creek）3h 降雨达 150～200mm，洪水流入泽西大坝并受阻挡致使洪水改道，形成 2m 高的水墙，袭击了得克萨斯州的一条州际高速公路。12 个 4.5t 重的混凝土墩和 7 辆汽车被冲走，6 人死亡，隶属于美国国家海洋和大气管理局（NOAA）的天气服务中心（NWS）在当天发布了该地区山洪警戒（Flash Flood Watch）提醒信息，但并没有发出山洪警报（Flash Flood Warning）。这个案例说明，在美国，即使采用了最先进的预报预警设备，发出了山洪警戒信息，也不能完全避免人身伤害和财产损失。

2010 年 6 月 10 日凌晨 3 时，美国阿肯色州沃西托国家森林公园艾伯特派克休闲区内的小密苏里河流域发生暴雨，形成山洪灾害，水深迅速达到 7～8m，导致 20 多人死亡，多人受伤。河水在 11 日凌晨 1 时 30 分至 5 时 50 分迅速上涨。数据显示，小密苏里河水位午夜时分为 90cm，最高涨至 711cm。当地 1 时 57 分发布山洪警告。当时，兰利镇水位标显示，河水位仍在 120cm 以下。凌晨 2 时 45 分至 3 时 45 分的一个小时内，河水上涨 245cm。气象部门数据显示，这一地区一夜之间的降雨量达 190mm。面对此次突如其来的山洪，通信中断，人们还在睡梦中，人们的反应是"很可能没有得到警报""像半夜突袭而来的海啸"。针对游客和外来人员的山洪预警仍然是世界难题。

2015 年 9 月 15 日，美国犹他州突降暴雨，导致山洪从狭窄的峡谷冲出，3 男 4 女的登山团队在封路前已经下到峡谷中遭遇洪水；犹他州一个家庭，14 日驱车从城市公园返回时，在犹他州和亚利桑那州交界处的希岱尔镇（Hildale）遭遇洪水，巨大的水墙将两辆载有 16 名乘客的车辆卷入河道。本次灾害共造成锡安国家公园和犹他州与亚利桑那州交界处 15 人死亡，5 人失踪。这是一起典型的"驴友"和游客的案例，锡安国家公园官员收到洪水警报后于 14 日晚关闭了峡谷，但已处于峡谷中的"驴友"和游客无法收到预警信息，导致悲剧发生。

2018 年 5 月 27 日，美国马里兰州因一场大风暴席卷了巴尔的摩地区，引发了埃利科特市的山洪暴发，最高水位达 6 英尺（1.80m），市长宣布该市进入紧急状态，其主要街道受损严重，数十座建筑物受损。美国天气服务中心（NWS）指出这已经是可能发生极端危险灾害的状态，这次的洪灾堪称千年一遇，比两年前更为严重。由于埃利科特城邻近帕塔普斯科河，也是当地数条山溪的汇聚点，暴雨过后容易出现洪水。2016 年 7 月，埃利科特城曾在暴雨后发生洪灾，造成两人死亡及严重破坏。

6.2 日本

日本位于环太平洋地震带，地震和火山活跃，境内崎岖多山，山地约占国土总面积的

70％，河流狭窄陡急。全国人口的 50％和社会资产的 75％位于洪水风险区。日本大部分地区处于降水丰富的亚洲季风带，年降水量约 1800 mm，约为世界平均数 970mm 的 2 倍，为中国年降水量的 2.6 倍。一年内有春雨、梅雨、台风等多次降水过程，常发生短历时高强度的暴雨。流程短、坡降大，洪水猛涨陡落，使日本成为世界上山洪灾害频繁、水土流失严重的国家，日本山洪灾害主要发生在 6—10 月的梅雨季节和台风期。

日本约有 70％土地由山脉和丘陵组成，房屋经常建在陡峭山坡上，或山坡下方的平原上，一旦发生洪水或泥石流，这些房屋很容易受灾，日本政府正在推行长期计划，鼓励容易受灾地区的居民搬迁，地质脆弱地带禁止建立新建筑。日本许多房屋均用木材建造，是防震的理想选择，但遇上洪水或泥石流就无法承受。2018 年 "平成 30 年暴雨" 期间，日本政府向大约 500 万人发出疏散命令，但这些命令只是建议而无强制力，许多民众因而忽视这些命令。全球变暖可能造成灾难性极端气候发生频率增加，过去多年来应对气候和天灾的经验不再适用。日本将山洪灾害（崩塌、滑坡、泥石流）与水土流失统称为 "土砂灾害"，自然灾害死亡人数中约一半是由土砂灾害造成的，且年死亡人口中老年人所占比例越来越大。

1999 年 6 月 29 日广岛县发生强降雨，最大日降水量约 260mm，最大 1h 降水量约 70mm，成为广岛市最大的降雨记录。此次强降雨为局地强降雨，日降水量超过 200mm 的地区，东西约 10km，南北约 30km。全县死亡 41 人，大多数死于山洪泥石流灾害。广岛地区有 5960 处危险的陡坡和 4930 处危险的泥石流，是日本陡坡和泥石流最多的地区。

2002 年 7 月 19—21 日，日本九州地区发生强降雨，熊本县水俣市 7 月 20 日记录 1h 降水量为 91mm，总降水量为 428mm，3 个观测站记录超过了过去 23 年中最高的 1h 降水量记录，根据日本气象局的数据，4 个观测站的 24h 降水量最高。在这场强降雨中，23 人死亡（其中水俣市 19 人），104 所房屋被毁，约 7800 所房屋被淹没。

2014 年 8 月 19 日晚至 20 日凌晨，日本广岛市因暴雨引发山体滑坡，导致多处居民区被掩埋，20 日这一区域的雨量达 243mm，创历史最高值，强降雨引发山洪和山体滑坡，死亡、失踪 70 余人。

受梅雨和 2018 年第 7 号台风 "派比安" 影响，2018 年 6 月 28 日至 7 月 8 日，高知县马路村鱼梁濑地区降雨量为 1852.5mm，本山町降雨量为 1694mm，爱媛县石山降雨量为 965.5mm，均超过往年整个 7 月的降雨量，全国大约 1300 个雨量观测点中，119 处观测点 72h 降雨量达到有统计以来最高值，123 处 48h 降雨量达最高值。日本气象厅 9 日将这场水灾命名为 "平成 30 年暴雨"，是日本 1982 年长崎水灾以来洪灾死亡人数最多、影响范围最广、降雨量突破历史纪录地点最多的暴雨洪水灾害。截至 8 月 1 日，这次暴雨灾害共造成 220 人死亡，9 人失踪。

6.3　中国与美国、日本山洪灾害对比

美国、日本、中国山洪灾害背景情况对比见表 6.1。中国、美国、日本均是山洪灾害多发国家，也是世界上山洪灾害防治水平最高的国家。由表 6.1 可见，中国的山地面积约为美国的 2.1 倍，为日本的 26 倍。中国的山洪威胁面积约为美国和日本的 5.8 倍和 14.8

倍。受山洪灾害威胁的人口美国有 0.3 亿人、日本有 0.64 亿人，中国约为美国的 10 倍、日本的 4.7 倍。中国 1950—2019 年山洪灾害死亡约 17.9 万人，远超过同期美国、日本死亡人数。与美国、日本相比，中国山洪灾害的受灾面积广，受灾人口多，防治任务重。

表 6.1　　　　　　　　　　　　美国、日本、中国山洪灾害背景情况对比

国家	总人口/亿人	总面积/万 km²	总 GDP/万亿美元	山地面积/万 km²	山洪威胁面积/万 km²	山洪威胁人口/亿人
美国	3.19	963	16	327	67	0.3
日本	1.27	37	4.8	26	26	0.64
中国	14	960	10.4	674.6	386	3

6.4　欧洲山洪灾害事件

据统计，1998—2008 年，在欧洲死于山洪灾害等多种类型洪水的有 1000 多人（EEA，2010）。一项对重大洪水事件的研究表明，1950—2006 年，欧洲大约 40% 的死亡概率是由山洪灾害所致（约每年 50 人）。

1996 年 6 月，意大利发生强降雨，不到 6h 降雨量超过 400mm，30min 降雨量达 88mm，接近意大利的历史降雨量极值记录，Versilia 山区的 Cardoso 村损失严重，13 人死亡。

2000 年 9 月 11 日凌晨 5 点左右，意大利卡拉布里亚区 Beltrame 河 Soverato 城镇上有一处宿营地收到山洪袭击，造成长 450h 左右的河岸崩塌，激流冲翻车辆，泥石流掩没汽车和小木屋。当时在宿营地的 17 名残疾人和陪伴他们的 32 名家人或志愿者受到山洪冲击，造成 10 人死亡，12 人失踪。

2009 年 10 月 3 日，意大利南部城镇 Messina 因暴雨引发山洪，造成 20 人死亡，35 人失踪，40 人受伤，450 人无家可归，山洪诱发的泥石流造成道路阻塞，铁路中断。

2004 年 8 月 16 日，英国博斯卡斯尔镇暴发山洪灾害，造成重大损失，道路变成河流，垃圾堆满河道，91 名受灾人员被直升机救助，无一人死亡，该镇 2007 年 6 月 21 日再次发生山洪灾害，其损失规模比 2004 年的山洪灾害较轻。

6.5　其他国家山洪灾害事件

2010 年 1 月下旬，上涨的乌鲁班巴河（瓦尔塔诺哥）桥梁被冲走，多段道路被摧毁。在洪水到来前 13h，上游 100km 处的一个雨量站降雨量达 236mm，Aguas Calientas 镇发生山洪，导致前往马丘比丘遗址的 4000 名游客被困了近两天，初步统计此次山洪摧毁了 2000 户家庭的房屋。

2013 年 11 月 8 日，第 30 号台风"海燕"在菲律宾中部登陆，由东到西横扫菲律宾中部，将菲律宾中部大片地区夷为平地，一个月时间造成超过 7000 人死亡或失踪，400 万人失去家园。

　　2009 年 9 月，土耳其伊斯坦布尔市 Ikitelli 地区附近下了整夜的暴雨，在第二天早晨，高达 2m 的山洪冲过城市的商业区，导致在卡车驾驶室内睡着的 13 名司机、7 名刚离开小火车去纺织厂上班的妇女死亡。据气象学家研究，该次导致山洪暴发的降雨是近 80 年来最严重的，土耳其总理甚至称之为"本世纪的灾害"。

　　近些年国外典型山洪灾害事件见表 6.2。

表 6.2　　　　　　　　　　　近些年国外典型山洪灾害事件

时　　间	国家	地　　点	类型	降雨量/洪峰	死亡、失踪人数/人	经济财产损失
1996 年 6 月	意大利	Versilia 山区 Cardoso 村	溪河洪水	400mm/6h，8mm/30min	13	—
2000 年 9 月 11 日	意大利	卡拉布里亚区 Beltrame 河 Soverato 镇	溪河洪水	—	22	450m 左右的河岸崩塌，宿营地被冲毁
2009 年 9 月有	土耳其	伊斯坦布尔 Ikitelli 地区	溪河洪水	2m 洪峰	20	—
2009 年 10 月 13 日	意大利	南部城镇 Messina	溪河洪水、泥石流	—	55	造成道路阻塞，铁路中断，450 人无家可归
2010 年 1 月	秘鲁	班巴河流域 Aguas Calientas 镇	溪河洪水	236mm/13h		4000 名游客被困，2000 户房屋被毁
2010 年 6 月 10 日	美国	阿肯色州沃西托国家森林公园	溪河洪水	7~8m 水深	20	
2013 年	美国	堪萨斯州 Jacab Creek	溪河洪水	200mm/3h	6	
2014 年 8 月 19 日	日本	广岛市	溪河洪水、滑坡	243mm	70	多处居民区被掩埋

附录 1 全国有人员死亡的山洪灾害事件分省（自治区、直辖市）统计表

附表 1.1～附表 1.7 数据来源：2013—2019 年全国山洪灾害事件分析报告、《中国水旱灾害公报》（2013—2019 年）。

附表 1.1　2013 年全国山洪灾害事件分省（自治区、直辖市）统计

序号	省（自治区、直辖市）	区域	事件次数	死亡人数/人	失踪人数/人	不同灾害类型死亡人数/人			不同灾害等级死亡人数/人				不同灾害类型事件次数			不同灾害等级事件次数			
						山洪	滑坡	泥石流	特大型	大型	中型	小型	山洪	滑坡	泥石流	特大型	大型	中型	小型
	合计		181	560	221	308	164	88	116	87	191	166	93	59	29	2	6	43	130
1	北京	华北	0	0	0	0	0	0	0	0	0	0	0	0	0	0	0	0	0
2	天津		0	0	0	0	0	0	0	0	0	0	0	0	0	0	0	0	0
3	河北		1	2	0	2	0	0	0	0	0	2	1	0	0	0	0	0	1
4	山西		3	12	1	1	11	0	0	0	11	1	1	2	0	0	0	2	1
5	内蒙古		15	47	0	47	0	0	0	19	11	17	15	0	0	0	1	2	12
	区域合计		19	61	1	50	11	0	0	19	22	20	17	2	0	1	1	4	14
6	辽宁	东北	3	77	87	77	0	0	71	0	5	1	3	0	0	1	0	1	1
7	吉林		0	0	0	0	0	0	0	0	0	0	0	0	0	0	0	0	0
8	黑龙江		1	7	0	7	0	0	0	0	7	0	1	0	0	0	0	1	0
	区域合计		4	84	87	84	0	0	71	0	12	1	4	0	0	1	0	2	1
9	浙江	华东	2	5	0	0	1	4	0	0	4	1	0	1	1	0	0	1	1
10	安徽		5	13	0	7	6	0	0	0	10	3	2	1	2	0	0	2	3
11	福建		4	9	0	5	4	0	0	0	7	2	2	2	0	0	0	2	2
12	江西		4	11	1	2	4	5	0	0	8	3	1	2	1	0	0	2	2
13	山东		0	0	0	0	0	0	0	0	0	0	0	0	0	0	0	0	0
	区域合计		15	38	0	14	15	9	0	0	29	9	5	6	4	0	0	7	8

续表

序号	省（自治区、直辖市）	区域	事件次数	死亡人数/人	失踪人数/人	不同灾害类型死亡人数/人			不同灾害等级死亡人数/人				不同灾害类型事件次数			不同灾害等级事件次数			
						山洪	滑坡	泥石流	特大型	大型	中型	小型	山洪	滑坡	泥石流	特大型	大型	中型	小型
14	河南	中南	2	5	0	4	1	0	0	0	4	1	1	1	0	0	0	1	1
15	湖北		3	3	0	3	0	0	0	0	0	3	3	0	0	0	0	0	3
16	湖南		12	25	0	8	13	4	0	0	10	15	3	7	2	0	0	3	9
17	广东		32	67	0	36	17	14	0	0	40	27	17	11	4	0	0	8	24
18	广西		16	31	0	8	23	0	0	0	16	15	4	12	0	0	0	4	12
19	海南		0	0	0	0	0	0	0	0	0	0	0	0	0	0	0	0	0
	区域合计		65	131	0	59	54	18	0	0	70	61	28	31	6	0	0	16	49
20	四川	西南	23	102	124	12	54	36	45	25	11	21	8	6	9	1	2	3	17
21	重庆		4	4	0	2	2	0	0	0	0	4	2	2	0	0	0	0	4
22	贵州		5	9	0	4	1	4	0	0	4	5	3	1	1	0	0	1	4
23	云南		22	38	3	16	17	5	0	0	12	26	12	7	3	0	0	3	19
24	西藏		2	2	0	1	0	1	0	0	0	2	1	0	1	0	0	0	2
	区域合计		56	155	127	35	74	46	45	25	27	58	26	16	14	1	2	7	46
25	陕西	西北	7	35	0	18	6	11	0	15	17	3	2	2	3	0	1	4	2
26	甘肃		7	21	6	15	4	2	0	4	11	6	4	2	3	0	1	2	4
27	青海		5	30	0	28	0	2	0	24	0	6	4	0	1	0	1	0	4
28	宁夏		1	3	0	3	0	0	0	0	3	0	1	0	0	0	0	1	0
29	新疆		2	2	0	2	0	0	0	0	0	2	2	0	0	0	0	0	2
30	兵团		0	0	0	0	0	0	0	0	0	0	0	0	0	0	0	0	0
	区域合计		22	91	6	66	10	15	0	43	31	17	13	4	5	0	3	7	12

附表 1.2　2014 年全国山洪灾害事件分省（自治区、直辖市）统计

序号	省（自治区、直辖市）	区域	事件次数	死亡人数/人	失踪人数/人	不同灾害类型死亡人数/人			不同灾害等级死亡人数/人				不同灾害类型事件次数			不同灾害等级事件次数			
						山洪	滑坡	泥石流	特大型	大型	中型	小型	山洪	滑坡	泥石流	特大型	大型	中型	小型
	合计		141	325	92	114	121	90	0	47	171	107	69	47	25	0	4	47	90
1	北京	华北	0	0	0	0	0	0	0	0	0	0	0	0	0	0	0	0	0
2	天津		0	0	0	0	0	0	0	0	0	0	0	0	0	0	0	0	0
3	河北		1	3	0	3	0	0	0	0	3	0	1	0	0	0	0	1	0
4	山西				0		0	0	0	0	0	0		0	0	0	0	0	0
5	内蒙古		2	2	0	2	0	0	0	0	0	2	2	0	0	0	0	0	2
	区域合计		3	5	0	5	0	0	0	0	3	2	3	0	0	0	0	1	2
6	辽宁	东北	1	4	0	4	0	0	0	0	4	0	1	0	0	0	0	1	0
7	吉林		0	0	0	0	0	0	0	0	0	0	0	0	0	0	0	0	0
8	黑龙江		0	0	0	0	0	0	0	0	0	0	0	0	0	0	0	0	0
	区域合计		1	4	0	4	0	0	0	0	4	0	1	0	0	0	0	1	0
9	浙江	华东	1	3	0	0	3	0	0	0	3	0	0	1	0	0	0	1	0
10	安徽		0	0	0	0	0	0	0	0	0	0	0	0	0	0	0	0	0
11	福建		4	10	0	3	6	1	0	0	7	3	1	2	1	0	0	2	2
12	江西		6	20	0	7	11	2	0	0	17	3	3	2	1	0	0	4	2
13	山东		0	0	0	0	0	0	0	0	0	0	0	0	0	0	0	0	0
	区域合计		11	33	0	10	20	3	0	0	27	6	4	5	2	0	0	7	4
14	河南	中南	0	0	0	0	0	0	0	0	0	0	0	0	0	0	0	0	0
15	湖北		1	2	0	0	2	0	0	0	0	2		1	0	0	0	0	1

续表

序号	省（自治区、直辖市）	区域	事件次数	死亡人数/人	失踪人数/人	不同灾害类型死亡人数/人			不同灾害等级死亡人数/人				不同灾害类型事件次数			不同灾害等级事件次数			
						山洪	滑坡	泥石流	特大型	大型	中型	小型	山洪	滑坡	泥石流	特大型	大型	中型	小型
16	湖南	中南	11	21	4	1	19	1	0	0	13	8	1	9	1	0	0	3	8
17	广东	中南	11	16	3	14	1	1	0	0	6	10	9	1	1	0	0	2	9
18	广西	中南	3	5	1	0	3	2	0	0	0	5	0	2	1	0	0	0	3
19	海南	中南	4	9	5	9	0	0	0	0	6	3	4	0	0	0	0	2	2
	区域合计	中南	30	53	13	24	25	4	0	0	25	28	14	13	3	0	0	7	23
20	四川	西南	10	13	3	7	5	1	0	0	2	11	6	3	1	0	0	1	9
21	重庆	西南	23	68	23	20	35	13	0	22	35	11	9	10	4	0	2	11	10
22	贵州	西南	25	53	10	22	22	9	0	0	34	19	14	9	2	0	0	8	17
23	云南	西南	28	72	41	13	11	48	0	25	25	22	12	6	10	0	2	7	19
24	西藏	西南	1	1	0	0	0	1	0	0	0	1	1	0	0	0	0	0	1
	区域合计	西南	87	207	77	62	73	72	0	47	96	64	42	28	17	0	4	27	56
25	陕西	西北	1	3	0	0	3	0	0	0	3	0	0	1	0	0	0	1	0
26	甘肃	西北	1	1	0	1	0	0	0	0	0	1	1	0	0	0	0	0	1
27	青海	西北	1	4	0	0	0	4	0	0	4	0	0	0	1	0	0	1	0
28	宁夏	西北	2	6	0	6	0	0	0	0	4	2	2	0	0	0	0	1	1
29	新疆	西北	4	9	2	2	0	7	0	0	5	4	2	0	2	0	0	1	3
30	兵团	西北	0	0	0	0	0	0	0	0	0	0	0	0	0	0	0	0	0
	区域合计	西北	9	23	2	9	3	11	0	0	16	7	5	1	3	0	0	4	5

附表 1.3

2015 年全国山洪灾害事件分省（自治区、直辖市）统计

序号	区域	省（自治区、直辖市）	事件总次数	死亡总人数/人	失踪总人数/人	不同灾害类型死亡人数/人 溪河洪水	滑坡	泥石流	不同灾害类型失踪人数/人 溪河洪水	滑坡	泥石流	不同灾害等级死亡人数/人 大型	中型	小型	不同灾害等级失踪人数/人 大型	中型	小型	不同灾害类型事件次数 溪河洪水	滑坡	泥石流	不同灾害等级事件次数 大型	中型	小型
		合计	117	226	48	127	47	52	21	0	27	22	96	108	14	24	10	73	24	20	2	23	92
1	华北	北京	0	0	0	0	0	0	0	0	0	0	0	0	0	0	0	0	0	0	0	0	0
2		天津	0	0	0	0	0	0	0	0	0	0	0	0	0	0	0	0	0	0	0	0	0
3		河北	0	0	0	0	0	0	0	0	0	0	0	0	0	0	0	0	0	0	0	0	0
4		山西	1	1	0	1	0	0	0	0	0	0	0	1	0	0	0	1	0	0	0	0	1
5		内蒙古	6	6	0	6	0	0	0	0	0	0	0	6	0	0	0	6	0	0	0	0	6
		区域合计	7	7	0	7	0	0	0	0	0	0	0	7	0	0	0	7	0	0	0	0	7
6	东北	辽宁	0	0	0	0	0	0	0	0	0	0	0	0	0	0	0	0	0	0	0	0	0
7		吉林	0	0	0	0	0	0	0	0	0	0	0	0	0	0	0	0	0	0	0	0	0
8		黑龙江	0	0	0	0	0	0	0	0	0	0	0	0	0	0	0	0	0	0	0	0	0
		区域合计	0	0	0	0	0	0	0	0	0	0	0	0	0	0	0	0	0	0	0	0	0
9	华东	浙江	5	13	2	7	1	5	2	0	0	0	7	6	0	2	0	1	1	3	0	1	4
10		安徽	3	8	0	7	0	1	0	0	0	0	5	3	0	0	0	2	0	1	0	1	2
11		福建	8	23	1	11	9	3	1	0	0	0	15	8	0	1	0	4	3	1	0	3	5
12		江西	4	8	0	1	7	0	0	0	0	0	4	4	0	0	0	1	3	0	0	1	3
13		山东	0	0	0	0	0	0	0	0	0	0	0	0	0	0	0	0	0	0	0	0	0
		区域合计	20	52	3	26	17	9	3	0	0	0	31	21	0	3	0	8	7	5	0	6	14

续表

序号	省（自治区、直辖市）	区域	事件总次数	死亡总人数/人	失踪总人数/人	不同灾害类型死亡人数/人 溪河洪水	不同灾害类型死亡人数/人 滑坡	不同灾害类型死亡人数/人 泥石流	不同灾害类型失踪人数/人 溪河洪水	不同灾害类型失踪人数/人 滑坡	不同灾害类型失踪人数/人 泥石流	不同灾害等级死亡人数/人 大型	不同灾害等级死亡人数/人 中型	不同灾害等级死亡人数/人 小型	不同灾害等级失踪人数/人 大型	不同灾害等级失踪人数/人 中型	不同灾害等级失踪人数/人 小型	不同灾害类型事件次数 溪河洪水	不同灾害类型事件次数 滑坡	不同灾害类型事件次数 泥石流	不同灾害等级事件次数 大型	不同灾害等级事件次数 中型	不同灾害等级事件次数 小型
14	河南	中南	1	5	0	0	5	0	0	0	0	0	5	0	0	0	0	0	1	0	0	1	0
15	湖北		4	7	2	7	0	0	2	0	0	0	4	3	0	2	0	4	0	0	0	1	3
16	湖南		8	8	5	2	6	0	1	0	4	0	0	8	0	4	1	3	4	1	0	1	7
17	广东		1	1	0	1	0	0	0	0	0	0	0	1	0	0	0	1	0	0	0	0	1
18	广西		5	9	2	3	0	6	0	0	2	0	4	5	0	2	0	3	0	2	0	1	4
19	海南		0	0	0	0	0	0	0	0	0	0	0	0	0	0	0	0	0	0	0	0	0
	区域合计		19	30	9	13	11	6	3	0	6	0	13	17	0	8	1	11	5	3	0	4	15
20	四川	西南	13	30	16	4	4	22	1	0	15	14	6	10	10	2	4	4	4	5	1	1	11
21	重庆		12	16	2	13	2	1	0	0	2	0	4	12	0	2	0	10	1	1	0	2	10
22	贵州		13	22	0	14	7	1	0	0	0	0	7	15	0	0	0	9	3	1	0	2	11
23	云南		20	41	13	26	6	9	13	0	0	8	17	16	4	5	4	13	4	3	1	4	15
24	西藏		1	2	0	2	0	0	0	0	0	0	0	2	0	0	0	1	0	0	0	0	1
	区域合计		59	111	31	59	19	33	14	0	17	22	34	55	14	9	8	37	12	10	2	9	48
25	陕西	西北	4	11	1	10	0	1	0	0	1	0	9	2	0	0	1	3	0	1	0	1	3
26	甘肃		0	0	0	0	0	0	0	0	0	0	0	0	0	0	0	0	0	0	0	0	0
27	青海		3	7	0	4	0	3	0	0	0	0	4	3	0	0	0	2	0	1	0	1	2
28	宁夏		2	2	3	2	0	0	3	0	0	0	0	2	0	3	0	2	0	0	0	0	2
29	新疆		3	6	1	6	0	0	1	0	0	0	5	1	0	1	0	3	0	0	0	2	1
30	兵团		0	0	0	0	0	0	0	0	0	0	0	0	0	0	0	0	0	0	0	0	0
	区域合计		12	26	5	22	0	4	4	0	1	0	18	8	0	4	1	10	0	2	0	4	8

附表1.4　2016年全国山洪灾害事件分省（自治区、直辖市）统计

序号	省（自治区、直辖市）	区域	事件总次数	死亡总人数/人	失踪总人数/人	不同灾害类型死亡人数/人			不同灾害类型失踪人数/人			不同灾害等级死亡人数/人				不同灾害等级失踪人数/人				不同灾害类型事件次数			不同灾害等级事件次数			
						山洪	滑坡	泥石流	山洪	滑坡	泥石流	特大型	大型	中型	小型	特大型	大型	中型	小型	山洪	滑坡	泥石流	特大型	大型	中型	小型
	合计		180	481	129	310	107	64	106	14	9	80	69	201	131	55	18	32	24	97	55	28	2	5	53	120
1	北京	华北																								
2	天津	华北																								
3	河北	华北	14	125	63	110	8	7	61	2	0	41	43	36	5	55	3	5	0	11	2	1	1	2	8	3
4	山西	华北	3	4	0	4	0	0	0	0	0	0	0	0	4	0	0	0	0	3	0	0	0	0	0	3
5	内蒙古	华北	5	7	0	7	0	0	0	0	0	0	0	0	7	0	0	0	0	5	0	0	0	0	0	5
	区域合计		22	136	63	121	8	7	61	2	0	41	43	36	16	55	3	5	0	19	2	1	1	2	8	11
6	辽宁	东北																								
7	吉林	东北																								
8	黑龙江	东北																								
	区域合计		0	0	0	0	0	0	0	0	0	0	0	0	0	0	0	0	0	0	0	0	0	0	0	0
9	浙江	华东	4	13	0	6	1	6	0	0	0	0	0	10	3					2	1	1	0	0	2	2
10	安徽	华东	11	23	0	9	10	4	0	0	0	0	0	12	11					4	4	3	0	0	3	8
11	福建	华东	22	81	2	59	12	10	2	0	0	39	0	25	17	0	0	2	0	11	8	3	1	0	7	14
12	江西	华东	2	4	0	3	1	0	0	0	0	0	0	3	1					1	1	0	0	0	1	1
13	山东	华东																								
	区域合计		39	121	2	77	24	20	2	0	0	39	0	50	32	0	0	2	0	18	14	7	1	0	13	25

续表

| 序号 | 省（自治区、直辖市） | 区域 | 事件总次数 | 死亡总人数/人 | 失踪总人数/人 | 不同灾害类型死亡人数/人 | | | 不同灾害类型失踪人数/人 | | | 不同灾害等级死亡人数/人 | | | | 不同灾害等级失踪人数/人 | | | | 不同灾害类型事件次数 | | | 不同灾害等级事件次数 | | | |
						山洪	滑坡	泥石流	山洪	滑坡	泥石流	特大型	大型	中型	小型	特大型	大型	中型	小型	山洪	滑坡	泥石流	特大型	大型	中型	小型
14	河南	中南	7	27	9	22	5		9				11	12	4		8	1		6	1	0		1	2	4
15	湖北		15	28	11	23	0	5	11	0	0		7	10	11		5	2	4	13	2	0		1	4	10
16	湖南		12	25	1	1	19	5	0	0	1			18	7				1	1	8	3			5	7
17	广东		4	10	0	1	0	9	0	0				7	3					1	0	3			1	3
18	广西		7	5	2	2	3		1	1					5				2	3	4					7
19	海南																										
	区域合计		45	95	23	49	27	19	21	1	1	0	18	47	30	0	13	3	7	24	15	6	0	2	12	31
20	四川	西南	8	17	11	5	8	4	1	10	0		8	3	6		2	8	1	3	3	2		1	3	4
21	重庆		10	14	0	3	10	1						6	8					3	6	1			3	7
22	贵州		17	39	11	15	23	1	6	1	4			29	10			8	3	7	9	1			7	10
23	云南		27	36	17	19	7	10	14	0	3			20	16			5	12	13	6	8			5	22
24	西藏																										
	区域合计		62	106	39	42	48	16	21	11	7	0	8	58	40	0	2	21	16	26	24	12	0	1	18	43
25	陕西	西北	2	10		8	0	2						8	2					1	0	1			1	1
26	甘肃		1	2	0	2									2					1						1
27	青海		2	3		3									3					2						2
28	宁夏		3	3		3									3					3						3
29	新疆		2	4	1	4			1					2	2			1		2					1	1
30	兵团		2	1	1	1					1				1				1	1	0	1				2
	区域合计		12	23	2	21	0	2	1	0	1	0	0	10	13			1	1	10	0	2	0	0	2	10

附表 1.5　2017 年全国山洪灾害事件分省（自治区、直辖市）统计

序号	省（自治区、直辖市）	区域	事件总次数	死亡总人数/人	失踪总人数/人	不同灾害类型 死亡人数/人			不同灾害类型 失踪人数/人			不同灾害等级 死亡人数/人				不同灾害等级 失踪人数/人				不同灾害类型 事件次数			不同灾害等级 事件次数			
						溪河洪水	滑坡	泥石流	溪河洪水	滑坡	泥石流	特大型	大型	中型	小型	特大型	大型	中型	小型	溪河洪水	滑坡	泥石流	特大型	大型	中型	小型
	合计		82	208	15	77	51	80	10	1	4	0	48	95	65	0	0	9	6	39	23	20	0	3	25	54
1	北京	华北	1	6		6								6						1					1	
2	天津	华北																								
3	河北	华北																								
4	山西	华北																								
5	内蒙古	华北	3	4		4									4					3						3
	区域合计	华北	4	10		10								6	4					4					1	3
6	辽宁	东北	4	10	4			10			4		4	6				4				4		1	3	
7	吉林	东北																								
8	黑龙江	东北																								
	区域合计	东北	4	10	4			10			4		4	6				4				4		1	3	
9	浙江	华东																								
10	安徽	华东																								
11	福建	华东	1	3		3								3						1					1	
12	江西	华东	2	4			4							3	1						2				1	1
13	山东	华东																								
	区域合计	华东	3	7		3	4							6	1					1	2				2	1

续表

序号	省（自治区、直辖市）	区域	事件总次数	死亡总人数/人	失踪总人数/人	不同灾害类型死亡人数/人			不同灾害类型失踪人数/人			不同灾害等级死亡人数/人				不同灾害等级失踪人数/人				不同灾害类型事件次数			不同灾害等级事件次数			
						溪河洪水	滑坡	泥石流	溪河洪水	滑坡	泥石流	特大型	大型	中型	小型	特大型	大型	中型	小型	溪河洪水	滑坡	泥石流	特大型	大型	中型	小型
14	河南	中南	2	10	1	10			1					10				1		2					2	
15	湖北																									
16	湖南		12	52		19	18	15					23	20	9					5	4	3		2	4	6
17	广东																									
18	广西		10	23		10	7	6						15	8					3	4	3			4	6
19	海南																									
	区域合计	中南	24	85	1	39	25	21	1	0	0	0	23	45	17	0	0	1	0	10	8	6	0	2	10	12
20	四川	西南	5	32	2		1	31			2		25	5	2			2			1	4		1	2	2
21	重庆																									
22	贵州		11	16	1	8	6	2	1					2	14			1		6	4	1			1	10
23	云南		23	33	7	8	13	12	5	1	1			16	17			1	6	10	7	6			5	18
24	西藏																									
	区域合计	西南	39	81	10	16	20	45	6	1	3	0	25	23	33	0	0	4	6	16	12	11	0	1	8	30
25	陕西	西北	3	7	2	5	2		2					5	2			2		1	1	1			2	1
26	甘肃		5	14	2	1		13	2					10	4			2		4		1			2	3
27	青海		1	1		1									1					1						1
28	宁夏		1	1		1									1					1						1
29	新疆		2	2		1		1							2					1		1				2
	区域合计	西北	12	25	4	9	2	14	4	0	0	0	0	15	10	0	0	4	0	8	1	3	0	0	4	8

附表 1.6　　2018 年全国山洪灾害事件分省（自治区、直辖市）统计

序号	省（自治区、直辖市）	区域	事件总次数	死亡总人数/人	失踪总人数/人	不同灾害类型死亡人数/人 - 溪河洪水	滑坡	泥石流	不同灾害类型失踪人数/人 - 溪河洪水	滑坡	泥石流	不同灾害等级死亡人数/人 - 特大型	大型	中型	小型	不同灾害等级失踪人数/人 - 特大型	大型	中型	小型	不同灾害类型事件次数 - 溪河洪水	滑坡	泥石流	不同灾害等级事件次数 - 特大型	大型	中型	小型
	合计		65	129	31	88	16	25	12	2	17	0	8	64	57	0	12	9	10	46	7	12	0	1	15	49
1	北京	华北																								
2	天津	华北																								
3	河北	华北	1	1		1									1					1						1
4	山西	华北																								
5	内蒙古	华北	8	15	2	15			2					8	7			2		8					2	6
	区域合计	华北	9	16	2	16			2					8	8			2		9					2	7
6	辽宁	东北	0	0	0	0	0	0	0	0	0	0	0	0	0	0	0	0	0	0	0	0	0	0	0	0
7	吉林	东北																								
8	黑龙江	东北																								
	区域合计	东北	0	0	0	0	0	0	0	0	0	0	0	0	0	0	0	0	0	0	0	0	0	0	0	0
9	浙江	华东	0	0	0	0	0	0	0	0	0	0	0	0	0	0	0	0	0	0	0	0	0	0	0	0
10	安徽	华东	1	2		2									2					1						1
11	福建	华东	1	2		2									2					1						1
12	江西	华东																								
13	山东	华东	1	4				4						4								1			1	
	区域合计	华东	3	8	0	4	0	4	0	0	0	0	0	4	4	0	0	0	0	2	0	1	0	0	1	2

附录1　全国有人员死亡的山洪灾害事件分省（自治区、直辖市）统计表

续表

序号	省（自治区、直辖市）	区域	事件总次数	死亡总人数/人	失踪总人数/人	不同灾害类型死亡人数/人			不同灾害等级死亡人数/人				不同灾害类型失踪人数/人			不同灾害等级失踪人数/人				不同灾害类型事件次数			不同灾害等级事件次数			
						溪河洪水	滑坡	泥石流	特大型	大型	中型	小型	溪河洪水	滑坡	泥石流	特大型	大型	中型	小型	溪河洪水	滑坡	泥石流	特大型	大型	中型	小型
14	河南	中南																								
15	湖北																									
16	湖南		4	7		6	1					7								3	1					4
17	广东		7	12	3	2	8	2			3	9		2	1			1	2	1	4	2			1	6
18	广西		2	7		1	6				6	1								1	1				1	1
19	海南																									
	区域合计		13	26	3	9	15	2	0	0	9	17	0	2	1	0	0	1	2	5	6	2	0	0	2	11
20	四川	西南	2	1	3		1					1			3				3		1	1				2
21	重庆																									
22	贵州		4	5	2	2		3			2	3	2					2		2		2			1	3
23	云南		7	12	14			12		8		4	1		13		12		2	2		5		1		6
24	西藏																									
	区域合计		13	18	19	2	1	15	0	8	2	8	3	0	16	0	12	2	5	4	1	8	0	1	1	11
25	陕西	西北	1	1		1						1								1						1
26	甘肃		20	48	6	48					34	14	6					4	2	20					7	13
27	青海		3	3	1			3				3			1				1			3				3
28	宁夏																									
29	新疆		3	9		5		4			7	2						2	1	2		1			2	1
30	兵团																									
	区域合计		27	61	7	54	0	7	0	0	41	20	6	0	1	0	0	4	3	23	0	4	0	0	9	18

附表 1.7　2019 年全国山洪灾害事件分省（自治区、直辖市）统计

序号	区域	省（自治区、直辖市）	事件总次数	死亡总人数/人	失踪总人数/人	不同灾害类型死亡人数/人			不同灾害类型失踪人数/人			不同灾害等级死亡人数/人				不同灾害等级失踪人数/人				不同灾害类型事件次数			不同灾害等级事件次数			
						溪河洪水	滑坡	泥石流	溪河洪水	滑坡	泥石流	特大型	大型	中型	小型	特大型	大型	中型	小型	溪河洪水	滑坡	泥石流	特大型	大型	中型	小型
		合计	108	347		213	38	96					115	146	86					66	21	21		10	31	67
1	华北	北京																								
2		天津																								
3		河北																								
4		山西	1	6		6								6						1					1	
5		内蒙古																								
		区域合计	1	6	0	6	0	0	0	0	0	0	0	6	0	0	0	0	0	1	0	0	0	0	1	0
6	东北	辽宁																								
7		吉林																								
8		黑龙江																								
		区域合计	0	0	0	0	0	0	0	0	0	0	0	0	0	0	0	0	0	0	0	0	0	0	0	0
9	华东	浙江	4	9		6	1	2						4	5					2	1	1			1	3
10		安徽	3	5		4	1							3	2					2	1				1	2
11		福建	5	6		2	4								6					2	3					5
12		江西	10	33		32	1						12	14	7					9	1			1	3	6
13		山东																								
		区域合计	22	53	0	44	7	2	0	0	0	0	12	21	20	0	0	0	0	15	6	1	0	1	5	16

续表

序号	省（自治区、直辖市）	区域	事件总次数	死亡总人数/人	失踪总人数/人	不同灾害类型死亡人数/人 溪河洪水	滑坡	泥石流	不同灾害类型失踪人数/人 溪河洪水	滑坡	泥石流	不同灾害等级死亡人数/人 特大型	大型	中型	小型	不同灾害等级失踪人数/人 特大型	大型	中型	小型	不同灾害类型事件次数 溪河洪水	滑坡	泥石流	不同灾害等级事件次数 特大型	大型	中型	小型
14	河南	中南																								
15	湖北		4	29		29							27		2					4				2		2
16	湖南		10	21		15	5	1						13	8					7	2	1			3	7
17	广东		8	30		22	5	3					11	13	6					4	3	1		1	3	4
18	广西		19	63		51	6	6					24	23	16					12	3	4		2	6	11
19	海南																									
	区域合计		41	143	0	117	16	10	0	0	0	0	62	49	32	0	0	0	0	27	8	6	0	5	12	24
20	四川	西南	17	79		21	5	53					41	28	10					7	4	6		3	6	8
21	重庆		3	7		3	4							4	3					2	1				1	2
22	贵州		6	12		10		2						6	6					5		1		1	1	5
23	云南		11	25		7	1	17						16	9					6	1	4		1	3	8
24	西藏																									
	区域合计		37	123	0	41	10	72	0	0	0	0	41	54	28	0	0	0	0	20	6	11	0	3	11	23
25	陕西	西北	5	17		4	5	8						12	5					2	1	2			2	3
26	甘肃		2	5		1		4						4	1					1		1		1		1
27	青海																									
28	宁夏																									
29	新疆																									
30	兵团																									
	区域合计		7	22		5	5	12						16	6					3	1	3		1	2	4

附录2 山洪灾害防治项目效益发挥统计表

附表2.1数据来源：水利部防洪抗旱减灾工程技术研究中心提供的山洪灾害防治效益统计数据、水利部信息中心提供的洪水统计数据。

附表2.1 山洪灾害防治项目效益发挥统计

年份	强降雨过程/次	发生超警以上洪水河流/条	发生超保洪水河流/条	发生超历史洪水河流/条	全国山洪死亡人数/人	发布预警县数/个	县级发布预警次/次	县级发送预警短信条数/万条	县级发送预警涉及相关防汛责任人数/万人	启动预警广播站次/次	转移人数/万人	避免伤亡人数/万人
2012	—	425	71	43	473	645	19000	620	130	47600	265	23
2013	—	340	65	23	560	1714	50542	2243	101.25	91677	366	53
2014	—	343	62	21	325	1182	72521	873	73.75	80032	322	43
2015	38	336	74	15	226	1158	37127	849	63.1	279917	304	31
2016	45	473	117	51	481	1427	49102	1175	144.7	89649	540	59
2017	36	471	96	20	208	1336	52998	2303	174.87	142250	342	26
2018	34	454	72	24	129	1489	47423	2173	226.02	283443	186.4	57.8
2019	41	615	119	35	347	1537	64378	2195	180.99	582820	78.7	55.2
平均	39	432	85	29	344	1311	49136	1554	137	199674	301	43.5

参 考 文 献

［1］ 赵红莉，王力，徐永年. 基于 GIS 的山洪及诱发灾害的风险分析［J］. 泥沙研究，2004（5）：41-45.

［2］ 任洪玉，等. 我国山洪灾害成因分析［J］. 中国水利，2007，（14）：18-20.

［3］ 何秉顺，等. 我国山洪灾害防治路线与核心建设内容［J］. 中国防汛抗旱，2012（5）：19-22.

［4］ 竺可桢. 中国近五千年来气候变迁的初步研究［J］. 考古学报，1972（1）：15-38.

［5］ 中央气象局气象科学研究院. 中国近五百年旱涝分布图集［M］. 北京：地图出版社，1981.

［6］ Quansheng Ge, Jingyun Zheng, Xiuqi Fang, et al., 2003. Winter half-year temperature recon-struction for the middle and lower reaches of the Yellow River and Yangtze River, China, during the past 2000 years. Holocene. 13（6）：933-940.

［7］ 水利水电科学研究院. 清代海河滦河洪涝档案［M］. 上海：中华书局，1981.

［8］ 胡思明，骆承政. 中国历史大洪水［M］. 北京：中国书店，1989.

［9］ 张谨瑢. 清代档案中的气象资料［J］. 历史档案，1982（2）：100-104.

［10］ 张兰生. 关于开展我国生存环境历史演变规律的研究［M］//张兰生. 中国生存环境历史演变规律研究（一）. 北京：海洋出版社，1993.

［11］ 葛全胜. 中国历朝气候变化［M］. 北京：科学出版社，2011.

［12］ 中央气象局气象科学研究院. 中国近五百年旱涝分布图集［M］. 北京：地图出版社，1981.

［13］ 程晓陶. 让沙兰悲剧不再重演［J］. 中国应急救援，2007，（5）：12-15.

［14］ 刘传正. 甘肃舟曲 2010 年 8 月 8 日特大山洪泥石流灾害的基本特征及成因［J］. 地质通报，2011，30（1）：141-150.

［15］ 赵映东. 舟曲特大山洪泥石流灾害成因分析［J］. 水文，2012，32（1）：88-91.

［16］ 游勇，陈兴长，柳金峰. 四川绵竹青平乡文家沟"8·13"特大泥石流灾害［J］. 灾害学，2011，26（4）：68-72.

［17］ 孙京东，万金红，张葆蔚，等. 四川绵竹"8·13"山洪泥石流灾害调查［J］. 人民珠江，2015，36（1）：20-24.

［18］ 熊见红，王琪. 临湘市詹桥镇"6·10"特大泥石流调查研究［C］. 第四届中国水生态大会论文集，2016.

［19］ 尤焕苓，任国玉，吴方，等. 北京"7·21"特大暴雨过程时空特征解析［J］. 气象科技，2014，42（5）：856-864.

［20］ 胡余忠，章彩霞，张克浅，等. 安徽黄山市"2013·6·30"洪水致灾原因及防治思考［J］. 中国防汛抗旱，2013，23（5）：14-15.

［21］ 殷志强，徐永强，赵无忌. 四川都江堰三溪村"7·10"高位山体滑坡研究［J］. 工程地质学报，2014，22（2）：309-318.

［22］ 杜国梁，张永双，姚鑫，等. 都江堰市五里坡高位滑坡-碎屑流成因机制分析［J］. 岩土力学，2016，37（2）：493-501.

［23］ 何广丰，陈水扬，蒋小兰. 湖南绥宁山洪地质灾害成因分析及其预报［C］. 第 27 届中国气象学会年会灾害天气研究与预报分会场论文集，2010.

［24］ 李继成. 灌河流域"20150627"暴雨洪水调查分析［J］. 治淮，2016，（12）：71-72.

［25］ 和菊芳，丁德美. 云南华坪"9·15"特大暴雨山洪灾害调查分析［J］. 水利水电快报，2018，

39 (2)：13－15.

［26］ 张鹏. 河北省 2016 年"7·19"暴雨洪水特性分析［J］. 水利规划与设计，2017 (11)：95－97，117.

［27］ 孙玉龙，张素云，赵铁松，等. 河北省"7·19"特大暴雨灾害评估和分析［J］. 中国水利，2018 (3)：44－45.

［28］ 王艳丽. 河北省"7·19"暴雨与历史暴雨对比分析［J］. 水资源开发与管理，2018 (1)：17－18.

［29］ 河北省防汛抗旱指挥部. 2016 年燕赵儿女抗洪实录［M］. 石家庄：河北人民出版社，2017.

［30］ 陈志，杨志全，刘传秋. 云南省麻栗坡县猛硐河"9·02"泥石流调查［J］. 山地学报，2019，37 (4)：631－638.

［31］ Jonkman，S. N. . Global perspectives on loss of human life caused by floods［J］. Natural Hazards，2005，34 (2)：151－175.

［32］ Capacity assessment of National Meteorological and Hydrological services in support of disaster risk reduction：analysis of the 2006 WMO Disaster Risk Reduction Country－level survey［R］. Geneva：World Meteorological Organization，2008.

［33］ Ashley，Sharon & Ashley，Walker. Flood Fatalities in the United States［J］. Journal of Applied Meteorology and Climatology，2008，47：805－818.

这不仅是一本水利水电专著，更是读者的高效阅读解决方案

中国山洪灾害防御
专业知识交流与学习

建议配合二维码一起使用本书

加入本书读者专业知识交流群：

读者入群可与书友分享阅读本书的心得体会和
实践体验，提升专业水平，马上扫码加入！

本书电子版资料领取：

第一步： 微信扫码

第二步： 了解作者信息

第三步： 下载本书图片PDF资料

第四步： 资料随时无纸化浏览，让阅读

效率大大提高

微信扫码

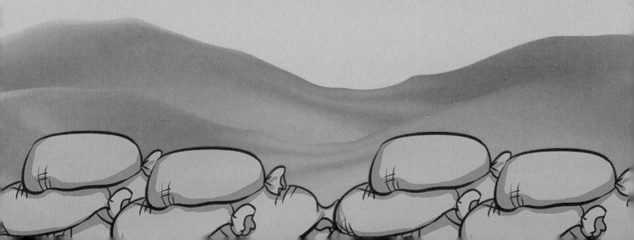

图 1　黑龙江宁安市沙兰镇"2005·6·10"山洪灾害

图 2　江西上犹县"2006·7·26"山洪灾害

图 3　河南卢氏县"2007·7·29"山洪灾害

图 4　河南栾川县"2010·7·24"山洪灾害

图 5 甘肃舟曲县"2010·8·8"特大山洪泥石流灾害

图 6 甘肃岷县"2012·5·10"山洪泥石流灾害

图 7　辽宁清原县"2013·8·16"山洪灾害

图 8　青海乌兰县"2013·8·20"山洪灾害

图 9　福建连城县"2015·7·22"山洪灾害

图 10　云南镇雄县"2015·5·10"山洪灾害

图 11　四川叙永县"2015·8·17"山洪灾害

图 12　湖南古丈县"2016·7·17"山洪灾害

图 13　河北井陉县"2016·7·19"山洪灾害

图 14　北京门头沟区"2017·6·18"山洪灾害

图 15　吉林永吉县"2017·7·13"山洪灾害

图 16　陕西榆林子洲县"2017·7·25"山洪灾害

图 17　甘肃岷县"2018·5·16"山洪灾害

图 18　广西凌云县"2019·6·16"山洪灾害

图 19　湖北郧阳区"2019·8·6"山洪灾害

图 20　四川汶川县"2019·8·20"特大山洪泥石流灾害